~~もしも、~~ **アインシュタインが間違っていたら?**

もしも、アインシュタインが間違っていたら?

尋ねてみたい物理学の大問題

編集
ブライアン・クレッグ

緒言
ジム・アル゠カリーリ

翻訳
広瀬 静

First published in Great Britain in 2013 by
Ivy Press
210 High Street
Lewes
East Sussex BN7 2NS
www.ivypress.co.uk

Copyright © The Ivy Press Limited 2013

All rights reserved.

本出版物のいかなる部分も、著作権者からの書面による許可なく複製または転送することを禁ずる。コピー、録画、または何らかの情報記憶―検索システムの利用を含む電子的もしくは機械的ないかなる手段、いかなる形式の場合も、その例外ではない。

British Library Cataloguing-in-Publication Data
A CIP catalogue record for this book is available from the British Library.

This book was conceived, designed and produced by **Ivy Press**

Creative Director: Peter Bridgewater
Publisher: Jason Hook
Art Director: Michael Whitehead
Editorial Director: Caroline Earle
Project Editor: Jamie Pumfery
Design: JC Lanaway
Illustrator: Ivan Hissey
Historical Text: Brian Clegg and Simon Flynn

Printed in China

Colour Origination by Ivy Press Reprographics

Japanese translation rights arranged with The Ivy Press Limited, East Sussex through
Tuttle-Mori Agency, Inc., Tokyo

目次

緒言	6
序文	8

量子物理学　12
もしも、量子が跳躍するとしたら？　16
もしも、同時に2つの場所にいることができたら？18
もしも、宇宙のすべてがランダムだったら？　20
もしも、シュレーディンガーの猫が死んでしまったら？　22
もしも、瞬時に星にシグナルを送ることができたら？　24
科学者たちは、こう解いた：
　もしも、光が波ではないとしたら？　26
もしも、『スター・トレック』の
　「転送を頼む」が本当になったら？　28
もしも、量子を使って計算ができたら？　30
もしも、長さの最小単位というものがあったら？　32

相対性理論とタイムトラベル　34
もしも、『バック・トゥ・ザ・フューチャー』
　のタイムマシンがあったら？　38
もしも、過去への旅ができるとしたら？　40
もしも、時間が逆戻りしたら？　42
もしも、タキオンを利用することができたら？　44
もしも、ワープスピードを出せたら？　46
もしも、重力が力でなかったら？　48
科学者たちは、こう解いた：
　もしも、自分が動いているかどうかが
　　わからなかったら？　50
もしも、余剰次元があるとしたら？　52

素粒子物理学　54
- もしも、万物の理論と大統一理論が見つかったら？　58
- もしも、超対称性理論があったら？　60
- もしも、反物質に反重力が働くとしたら？　62
- 科学者たちは、こう解いた：
  - もしも、原子に部品があるとしたら？　64
- もしも、ヒッグス粒子が存在しなかったら？　66
- もしも、原子を見ることができたら？　68
- もしも、電子を光で置き換えることができたら？　70
- もしも、原子が空洞でなかったら？　72

宇宙論　74
- もしも、アインシュタインが間違っていたら？　78
- もしも、並行宇宙があったら？　80
- もしも、ビッグバン理論が間違っていたら？　82
- もしも、あらゆるものが、ひもでできていたら？　84
- もしも、空間と時間がループしたら？　86
- 科学者たちは、こう解いた：
  - もしも、天の川が宇宙のすべてでなかったら？　88
- もしも、宇宙が無限大だったら？　90
- もしも、反物質がどこにでもあったら？　92

天体物理学　94
- もしも、月に潮汐がなかったら？　98
- もしも、スプーン1杯で重さ1億トンの物質があったら？　100
- もしも、1秒間に600回転する星があったら？　102
- 科学者たちは、こう解いた：
  - もしも、恒星と超新星で元素ができるとしたら？　104
- もしも、空っぽの空間が満たされていたら？　106
- もしも、ブラックホールに入っていったら？　108
- もしも、ブラックホールに毛があったら？　110
- もしも、ダークマターがなかったら？　112

古典物理学　114
- もしも、絶対0度より冷たいものがあったら？　118
- もしも、「本当にただ」のものがあったら？　120
- もしも、一番高い温度があるとしたら？　122
- もしも、マクスウェルの悪魔がいたら？　124
- 科学者たちは、こう解いた：
  - もしも、地球が平らでなかったら？　126
- もしも、鏡が左右逆転しないとしたら？　128
- もしも、虹が7色でなかったら？　130
- もしも、水が−70℃で沸騰したら？　132

テクノロジー　134
- もしも、ロボットに意識があったら？　138
- もしも、「グレイ・グー」の脅威が起きたら？　140
- もしも、炭素が世界を変えられるとしたら？　142
- もしも、飛行機の翼が機能しなかったら？　144
- もしも、アインシュタインが冷蔵庫を発明していたら？　146
- 科学者たちは、こう解いた：
  - もしも、電気と磁気が別々のものでなかったら？　148
- もしも、運動が永久に続いたら？　150
- もしも、賢者の石を手に入れたら？　152

寄稿者一覧
参考資料
索引

緒言

私はもう長いこと、サレー大学の1年生にアインシュタインの相対性理論の入門コースを教えている。ちょうど先日、かつての教え子にばったり出会ったとき、この講義を始めて何年になるかにあらためて気がついた。30代半ばになるその教え子は結婚して家庭をもつ女性だが、彼女自身も物理学者になり、大学で立派な仕事をしている。私の講義を今でも覚えていると話してくれたのだが、その思い出は……17年も前のことだった！ 自分も年を取ったものだと不意に思い知らされ、そろそろ同僚の誰かに担当を替わってもらうべきときだと感じた。近いうちにそうすることをお約束しよう。

私の講義では、まず「個々の観測者がどのような速度で動いていようとも、あらゆる観測者から見て、光の速さは一定である」というアインシュタインの根本原理の意味を丁寧に解説する。学生たちはすぐに、この原理にはどこか直観に反するところがあることに気づく。例えば、異なる基準系の中では時間そのものが違った速度で進む、という考え方などだ。私は4次元の時空という概念について論じ、アインシュタインの有名な方程式「$E = mc^2$」を第一原理から導き出していく。そして、われわれの運動速度が光速に近づくと、物体の見え方がまったく違ってくることを説明する。これは物理学の道に足を踏み入れたばかりの学生にとっては驚くべきことだ。そういうわけで、彼らは（ほかにも光学や熱力学や高等微積分の講義を受けたり、実験でもっともらしいデータを出すために悪戦苦闘したりしているのだが）、私の講義が一番面白いと言ってくれる。

講義が一番盛り上がるのは、決まって次の一節である。「どのような物体も光より速く移動することはできない」。学生たちから次々に声があがる。「でも、もしそれができる物体があったらどうなるんですか？」「光の速さのいったい何がそれほど特別なのですか？」「そんな『万物の制限速度』みたいなものがあるなんて、物理学者はどうして断言できるのですか？ 想像力が及んでいないだけ、ってことはないんでしょうか」。私はこう答える。「それでは、もしも、ある物体が光より速く移動することができたとしたら、どうだろう……、どういうことになるかな？」そのような物体がもしあれば、時間をさかのぼって移動することになるが、それは論理の矛盾（パラドックス）を引き起こすため、あり得ない。この必然的な結論に至る過程を、私はじっくり説明する。

物理学の世界では、実際にこのようにして多くの概念や理論を確かめる。つまり、われわれは「もしも、……だったら、どうだろう？」という問い掛けを極限まで押し進めながら、概念や理論を検証するのだ。これは、われわれが万物を理解するために使う最も重要な手法の1つである。そして科学は――とくに物理学は――たいていこのようにして進歩する。想像を超えるような状況を想定したうえで、われわれの理論からどのようなことが予測されるかを検討するのだ。得られた知見から、その理論が一層確からしく思えるようになることもあれば、考えの足りないところや不具合が浮き彫りになり、理解が飛躍的に進むこともある。そうなれば、より優れた理論に改めるべき時だ。科学者でない方々にも感じていただけると思うが、こうしたプロセスにこそ科学の真の創造性がある。われわれの理解を前進させていくために、なくてはならないものだ。そしてまた、それが実に楽しいのだ。

ジム・アル＝カリーリ

序文

誰かをつかまえて、偉大な物理学者（または天才）の名前を1人挙げてみて、と頼んだら、一番多く返ってくるのは、おそらくアルベルト・アインシュタインの名前だろう。けれどもそのアインシュタインでさえ、まったく新しい物理の概念が登場したときには、考え違いをしてしまった。アインシュタインは量子論の確立に多大な貢献をした1人だが、その理論には致命的な欠陥があると信じていた。量子論は、現実世界を説明する際の重要な要素として「確率」を取り入れた。しかし、アインシュタインはこの考え方が大嫌いだったのだ。例えば、量子物理学によれば、ある粒子がどこに存在するかは観測された時点で初めて決まる。つまり誰かが観測するまでの間、その粒子は不確かな確率の集合体として存在するというのだ。アインシュタインは、あらゆるものを説明する真の数値が、まだ隠されているのだと確信していた。友人のマックス・ボルン夫妻に宛てて、こんな手紙を書いている。「光にさらされた電子が、飛び去る瞬間と方向を自由に決定するという考えは、私にはとても受け入れることができません。もしそうなら、物理学者を廃業して、靴屋か賭博場の従業員にでもなったほうがましです」*1。しかし、間違っていたのは理論ではなくアインシュタインのほうだった。隠された値など存在しない。量子物理学には確かに、このような奇妙なところがあるのだ。

アインシュタインは宇宙の性質を論じるときにも間違いをした。一般相対性理論を発表した後、その方程式を宇宙のスケールで解いてみると、宇宙の姿は不安定で、収縮するか膨張するかのどちらかに違いないことが予言された。しかし彼自身は、宇宙とは永遠不変のものであると信じていた。そこでアインシュタインは宇宙定数という「ごまかしの要素」を式に付け足し、膨張も収縮もしない不変の姿に合うように修正した（一般相対性理論の2年後に、この新たな方程式を発表している）。けれどもほどなくして、エドウィン・ハッブルが、宇宙は膨張していることを観測によって突き止めた。宇宙定数など必要なかったのだ。アインシュタインはこのことを「生涯最大の過ち」だったと述べている（ただし、さらに時代が下ると、宇宙に存在する不可思議なダークエネルギーというものが、宇宙の膨張スピードに加速度をもたらしていることがわかってきた。この現象を式で表すには、まさに宇宙定数のようなものが必要ではないかと言われている）。

アインシュタインでも間違うことはある、といっても驚くほどのことではない。なぜなら、科学は絶対的な真実を述べているとは限らないからだ。科学とは、現在あるデータか

ら考えられる人類「最良の」知見である。本書の各章の「科学者たちは、こう解いた」には、かつて議論を呼んだが、今では広く受け入れられている事柄を取り上げた。その他の項目では、現代の私たちから見ても、偉大な先人たちを悩ませた当時と同じように奇妙に思えたり、未だに推測の域を出ないような物理学の諸側面を探求していこう。それぞれの「もしも、……だったら？」に「どうなる？」「どう説明できる？」「何が起きる？」といった答えを示すとともに、その現実的な意味合いを「もっと教えて」の欄に付記した。また、「こんな情報も」には、少々目新しい事実やびっくりするような数字をお示しする。

アルベルト・アインシュタインは物理学にさまざまな貢献をしたが、最も影響が大きかったのは**量子物理学**の基礎を築いたことと、**相対性理論**と**タイムトラベル**の理論を合体させたことだ。そこで、この２つの項目を本書の冒頭に置いた。アインシュタインは「確率による」という量子論の奇妙な性質をひどく嫌っていたが、ノーベル賞を受賞した光電効果に関する論文では、光子がもたらすエネルギーの素量（quantum）は実在する物（量子）であることを立証した。これによって、原子の構造を解明することが可能になり、量子レベルの素粒子たちの奇妙な振る舞いを理解する道のりが始まったのである。アインシュタインは特殊相対性理論で空間と時間の関係を追求した後に、一般相対性理論ではニュートンの重力理論を根本的には支持しながらも、大質量の物体（天体）が空間と時間を歪めることを明らかにした。この２つの理論の間には、タイムトラベルを現実のものにする数々の根拠がある。

量子論は私たちに物質と光の性質を教えてくれるが、宇宙を形作る微粒子の混沌状態に秩序を与えるのは**素粒子物理学**の役割だ。現時点で最良の理論モデルは標準模型と呼ばれている。最近では大型ハドロン衝突型加速器（LHC）を使った実験で新たな展開が見られ、このモデルの最もミステリアスな部分であるヒッグス粒子について、ある程度の存在可能性が確認された。ただし、素粒子物理学は今なお科学の最先端の領域であり、確実さと同じくらい推論が混ざっている。それとどこか似た状況にあるのが、物理学の中で最も「広い」範囲を扱う**宇宙論**だ。

素粒子物理学と量子物理学が極限まで微小な世界を追求しているとすれば、宇宙論はその対極にあって、宇宙全体を視野に入れている。ただし、それほど巨大なスケールの研究で、ビッグバンのようにごく間接的に考察するしかないような事象を扱っているにもかかわらず、宇宙論は微小な世界とも密接につながっている。なぜなら、宇宙の始まりの瞬間には

序文

量子効果がきわめて重要な意味をもつからだ。さらに、そこから細分化した**天体物理学**にも量子物理学は影響を及ぼしている。天体物理学はさまざまな恒星や、その近縁関係にある不思議な中性子星、そして謎めくブラックホールなどの性質と、誕生から消滅までの過程を説明する学問である。私たちの銀河系をはじめとして、多くの銀河の中心にあると考えられているブラックホールは、太陽よりかなり巨大な存在だが、それを取り巻く宇宙との相互作用を理解するためには、量子論が不可欠である。そして、ブラックホールの存在を最初に予測した一般相対性理論も同じくらい重要である。

　物理学における驚きや喜びは、20世紀前半に登場した古い概念を打ち破るところから生まれてくるものと思われるかもしれない。しかし、量子論や相対性理論が確立される以前に誰もが信じていた**古典物理学**の世界は、今も驚きを与えてくれる。意外なほどにシンプルな熱力学の法則がそうであるし、鏡に映るとどうして左右が逆転して見えるのか、といった昔ながらの謎解きにすら発見がある。古典物理学は最新の学問領域より地味な感じがするものだが、現代の最先端**テクノロジー**が現実のものになったのは、古典物理学と新しい物理学の両方のおかげである。数々の物理学の難問を探求する本書の締めくくりとしては、最も身近な科学の姿をお見せするのがふさわしいだろう。科学が私たちの日常生活にどのように生かされているか、それを知ることが、また驚きと楽しみを与えてくれるだろう。

　物理学は無味乾燥で機械的な学問だと言われることがある。学校で教えているようなやり方では確かにそうなるかもしれない。それでも、好奇心をもって自ら考える感性を育むには、物理学という学問が最良である。これほどまでに興奮と驚嘆を与えてくれる学問はほかにない。アルベルト・アインシュタインでさえ、時には物理学のせいで予期せぬ困難に直面したかもしれない。けれど、彼はそれを嫌なこととは思わなかっただろう。科学者は驚かされるのが好きなのだ。そして物理学は、ほかの何よりも驚かせることが上手である。

量子物理

量子物理学

はじめに
量子物理学

19世紀の終わり頃、若き日の物理学者マックス・プランクがミュンヘン大学に入学した。当時のプランクは、将来、物理学で身を立てるべきか、それともピアニストとして腕を磨いていくか、決めていなかった。指導教官のフィリップ・フォン・ジョリー教授はプランクに、物理学の研究に将来性はないと言った。いくつか些細な事柄が残されてはいるが、それらを除けば物理学の理論はすでに完成されている。あとはせいぜい実験値の小数点以下の数字を少し増やしたり、説明に磨きをかけるくらいしかすることはない、と言うのだ。

プランクは教授の言葉に取り合わず、物理学の道に進んだ。そしてやがて、教授の言った「些細な事柄」が、19世紀の先人たちの仮説をことごとく打ち破ることを知るのだ。プランクは物質と光の相互作用を理解するための唯一の方法として、当時の誰もが考えていたように光を連続的な波とみなすのではなく、小さな固まりの単位（量子）として次々に届くものとすることを発表した。このように、見たところわずかな視点の変化を加えただけで、それまで受け入れられていた数々の物理学の説明が、あらためて問い直されることになった。

量子論では、あらゆる物を構成する小さな粒子の世界（光の粒である光子から、物質がもつ電子、陽子、中性子まで）が日常の「マクロ」の世界とは違う振る舞いをすることが明らかになった。例えば、原子の周囲を飛び回る電子の姿を想像するとき、地球の周りを回る衛星のようなものを思い浮かべる人がいるかもしれない。しかし、現実の電子は、それよりはるかに奇妙で不思議な振る舞いをするのだ。

量子物理学を研究した偉大な科学者の1人であるリチャード・ファインマンは、量子論が記述する自然の姿は常識から考えれば不条理だが、その理論は実験とぴったり一致する、と指摘したうえで、次のように語っている。「『自然がそんな変てこなはずがあるものか』などとそっぽを向かず、どうかおしまいまで私の話を聞いていただきたい。そうすればこの講演が終わるころには、私と同じように、自然とはなかなか愉快なものだと思うようになっていただけるのでは……と願っているのです」*2。

　量子論のおかげで、私たちは量子跳躍という発想を手に入れた。それは原子核の周りを回る電子のエネルギー準位と量子状態が、ごくわずかに変化する現象である。また、量子論には不確定性原理も取り入れられている。この原理を用いれば、ある量子の1つの側面を知るにつれ別の側面が一層わからなくなる、という現象が見事に説明される。そして、量子論は基本粒子のことを数学的な手法で緻密に解明して見せた。それはファインマンが暗示した通り、常識の通用しない世界だった。

　本章には読者の皆さんが奇妙だと感じるようなことがたくさん登場するが、量子物理学は、ただの面白おかしい理論ではない。量子効果がなければ太陽が輝くことはないだろう。量子の物理学的性質がなかったら、光が今のように物質と相互作用をすることはなく、原子も安定ではないだろう。量子が独特な振る舞いをしなければ、私たちは電子機器もレーザーも超伝導も利用できなかったはずだ。ようこそ、ごくごく小さな秘密の世界へ——。

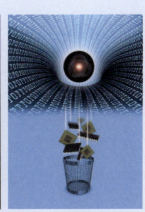

もしも、量子が跳躍するとしたら？

ブライアン・クレッグ

政治家が「わが党は大躍進を遂げた」と述べるようなとき、「大躍進」を意味する言葉として「quantum leap」と言うことがある。彼らは、大きく、力強く、重要な「leap（跳躍、飛躍）」をしたということだ。しかし、言葉の比喩として、これほどふさわしくないものもないだろう。なぜなら「quantum leap」が本来意味する「量子跳躍」は、ごく微細なスケールの現象だからだ。この概念は、量子論が発達する初期の段階で、原子の構造を解明する中から生まれてきた。20世紀初頭、原子は物理学の対象となる実体であるのかどうかがかなり疑問視されていた。しかし、実験に基づく証拠からその存在が確かなものになるにつれ、今度は原子同士がどのように結合するかが研究の焦点になった。いくつかの実験から、原子は新たに発見された電子という、負の電荷を帯びた粒子を放出する場合があることがわかってきた。そこで今度は、電子が正の電荷を帯びた何かと結合することで、原子が全体として電気的中性になるようなモデルを考案することが課題になった。最初のうち科学者たちは、原子の質量がすべて電子に由来するものと考えていた。そのため、最も単純な原子である水素でさえ、数多くの電子をもつものと思い込み、質量のない正電荷の雲のようなものの中にたくさんの電子が埋め込まれている様子を考えた。これがいわゆる「プラム・プディング・モデル」（別名「ブドウパン・モデル」）である。しかしその後に、原子の中心部には正に荷電した小さな原子核があって、そこにほとんどの質量が集中していることがわかってきた。ブドウパン・モデルでは説明がつかない現象だ。デンマークの物理学者ニールス・ボーアは、負電荷をもつ軽い電子が正電荷の原子核の周りを回るという、太陽系の構造に似たモデルを思いついた。これがいわゆる、ボーアの原子模型である。ただし、この模型には1つだけ問題があった。ぐるぐる回る電子が光という形でエネルギーを放出すると、運動エネルギーの低下した電子はらせんを描きながら原子核に引き寄せられ、たちまち衝突してしまうことが予想されるのだ。ボーアはこの問題を解決するために、模型の中に固定された軌道（陸上競技のトラックのような）をいくつか配置して、そこに電子を入れることにした。電子は軌道と軌道の間に存在することはできず、1つの軌道から別の軌道へ移るにはジャンプしなければならない。この現象が量子跳躍である。それは量子に起こり得る最小のエネルギー変化だ。

もっと教えて

ボーアが考えた量子跳躍は、原子による光の吸収が必ず固まり（「量子」）単位で起きる、という発見と見事に一致した。また、何らかの光を発する物質（たとえそれが遠くの星にあっても）の原子組成を分光器で特定できる仕組みも、量子跳躍を使って説明することができた。恒星から届く光のスペクトルには、光のエネルギーが失われた黒い線の部分がある。この黒線部分のエネルギーは、光が相互作用した物質で起きた量子跳躍のエネルギーに相当するため、それを「指紋」のように利用すれば、物質の原子組成を特定することができるのだ。

こんな情報も

1,837個

水素原子の全質量が電子だけによるものとした場合に、必要になる電子の数。実際の水素原子には1個の電子しかない。

2,000 km/秒

小さな原子がもつ比較的遅い電子でも、このくらいのスピードで原子核の周りを動いている。電子の動きは非常に速いため、その挙動を正確に計算するには相対性理論を適用しなければならない。（2,000km/秒は、およそ1,250マイル/秒）

関連項目

「もしも、原子を見ることができたら？」68ページ参照

「もしも、原子が空洞でなかったら？」72ページ参照

量子物理学

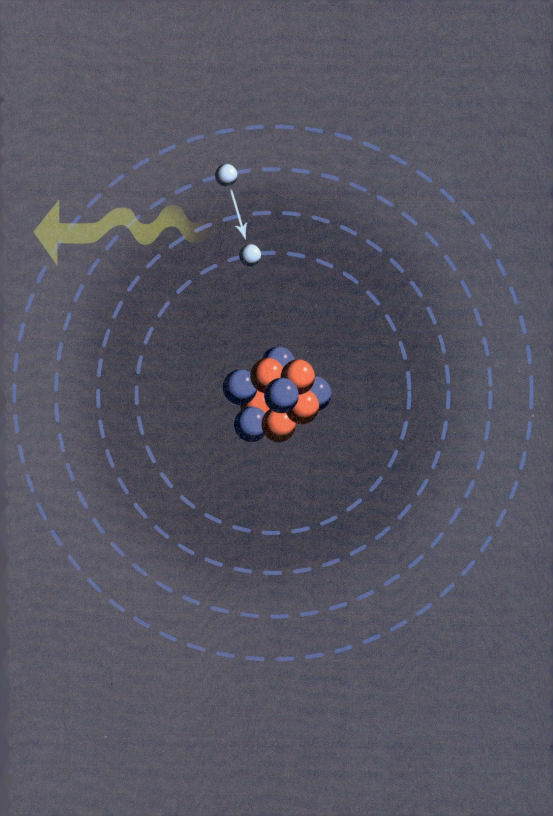

もしも、同時に2つの場所にいることができたら？

ソフィー・ヘブデン

原子にとって、時空とは本来あいまいなものである。原子レベルの小さなスケールでは、量子の「不確定性」が見られるようになるのだ。例えば、運動している1個の電子があるとして、その位置と運動速度の両方を同時に正確に知ることはできない。さらに、電子を追跡して何かの測定を行おうとすると、電子の性質は輪をかけて不確かになる。もしあなたが電子を手に入れて、量子としてのあいまいさを調べたとすると、実験の種類によって性質が変化するだろう。電子は点のような粒子として振る舞うこともあれば、波のように広がって広範囲に影響を及ぼすこともある。この後者の場合には、事実上、同時に2カ所以上に存在することが可能だ。電子が同時に複数の場所に存在できることを明らかにした初めての実験は、19世紀に光を研究したイギリスの科学者トーマス・ヤングが考案した見事な二重スリット実験の応用だった。1つの光源から光を出し、2つの細長い窓（スリット）を通して観察用のスクリーンに照射すると、そこには明るい部分と暗い部分が帯状に並ぶ干渉縞が現れる。これは2つのスリットを通って広がる光の波面が互いに干渉し合って起きる現象だ。水たまりの中で、波紋が同心円状に広がりながら重なり合う様子に似て、2つの山どうしが重なれば山が高くなるため、光は明るくなるが、山と谷が重なった部分では、打ち消し合って光は暗くなるのだ。ここで光源を取り除き、電子を1個、スリットめがけて発射したとしよう。すると、その電子はどういうわけか、両方のスリットを同時に通過したかのように、自分自身と干渉しながら進むのだ。電子を1個ずつスリットに向けて発射し続けると、スクリーン上にはちょうど光源を使った実験と同じように、明暗の帯からなる干渉縞ができる。けれども、ここで注意が必要だ。電子はどちらのスリットを通ったのかあなたが調べると、途端に干渉縞は消え、電子は粒子としての振る舞いをするようになる。さて、ご質問は、同時に2つの場所にいることが可能かどうか？　1個の電子なら難なくできることだ。しかし、どのくらいの大きさまでいけるだろうか？　この実験を少しずつ大きな物体で試していけば、量子の世界と日常の世界との変わり目を探ることになる。生物でもうまくいくかもしれない。おそらく量子の世界は、それほど日常とかけ離れたものではないのだろう。

もっと教えて

波動関数と呼ばれる符号を使えば、計算上は、物質の波としての振る舞いを記述することができる。何らかの粒子をある時点に、ある場所で検出する確率が計算できるのだ。ただし、あなたが観測を行うと、途端に波動関数は収縮して、粒子が特定の位置を「選ぶ」ことになる。波動関数に物理的な実在性があるのかないのか、そして観測によって波動関数が収縮する際に何が起きるのか（「観測問題」と呼ばれている）は、量子力学の世界で今も議論されている問題である。

こんな情報も

1927年
アメリカの物理学者クリントン・デイヴィソンとレスター・ジャマーが、電子の波としての性質を偶然に発見した年。ニッケルを使った実験の手違いをやり直そうとしていたときのことだった。

430個
波のように振る舞うことが明らかにされている最も大きな分子（C_{60} フラーレン）を構成する原子の数。この分子は幅が最大6nm（ナノメートル）で、小さなウイルスほどのサイズだ。

関連項目

「もしも、シュレーディンガーの猫が死んでしまったら？」22ページ参照
「もしも、光が波ではないとしたら？」26ページ参照

量子物理学

もしも、宇宙のすべてがランダムだったら？

ブライアン・クレッグ

夜中に窓から外を眺めるたびに、あなたはある実験をしていることになる。イギリスの物理学者アイザック・ニュートンを困惑させ、アルベルト・アインシュタインを最後まで悩ませた実験だ。室内からの光は、ほとんどがまっすぐ窓を通り抜けるだろう。それは外に出て見てみればわかる。しかし、一部の光は反射して室内に戻るため、夜の間、窓は鏡のようになる。ここで、窓に当たる1つ1つの光子（光の量子）のレベルで何が起きているかを考えてみよう。光子の中には窓で反射するものもあれば、通り抜けるものもある。では、この個々の光子の運命は何によって決まるのだろう？ 光は「corpuscle（コーパスル）」という粒でできていると考えたニュートンは、ガラスの傷に当たった粒子が反射するに違いないと推論した。しかし、ガラスの表面を磨いても反射はなくならない。実はこの現象は、ランダムな性質をもつ量子が見せるさまざまな振る舞いの1つである。どの光子がどう振る舞うかを言い当てる方法はないのだ。ただし、ある結果が起きる確率を計算することはできる。私たちはコイントスで表が出る確率は50％であることを証明できるが、それとちょうど同じことだ。けれども、どういった結果がどの特定の光子に起きるかは、あなたが投げたコインが表になるか裏になるかと同じく、ランダムに決まる。実はコイントスの場合は、あらゆる物理学的データを手に入れれば結果を予測できることもあるが、光子の振る舞いは本当に予測がつかないため、ランダム性がさらに高いのだ。それと同じように、特定の放射性物質の粒子がいつ崩壊を起こすかなど、量子レベルでのさまざまな事柄の発生がランダムに起きると考えられる。このことがアインシュタインを憤慨させた。彼は友人の物理学者マックス・ボルンと、その妻ヘドウィグ・ボルンに、こんな手紙を送っている。「光にさらされた電子が、飛び去る瞬間と方向を自由に決定するという考えは、私にはとても受け入れることができません。もしそうなら、物理学者を廃業して、靴屋か賭博場の従業員にでもなったほうがましです」。アインシュタインに「神はサイコロを振らない」*3 という有名な言葉を言わせたのは、このランダム嫌いの仕業である。

もっと教えて

アインシュタインは、このランダムさというものを嫌悪するあまり、数々の思考実験を行って、量子論の誤りを証明しようとした。しかし、彼の対抗勢力は何度も繰り返しアインシュタインとの論争に打ち勝った。最終的にアインシュタインは、「量子論は誤りで、ランダムさとは違う隠れた情報が存在する」か、「2点間の距離にかかわらず、瞬時に連絡し合うことが可能な2つの粒子が存在する」かのどちらかでなければならないことを立証した。こうしてアインシュタインが理論を疑ったところから、量子論の最も不思議な側面である「量子もつれ（エンタングルメント）」が登場したのである（28ページ参照）

こんな情報も

22％
よくある二重ガラス窓で反射されて室内に戻ってくる光の割合。

1935年
アインシュタインがロシア生まれの物理学者ボリス・ポドルスキーとアメリカの物理学者ネイサン・ローゼンとともに、「Can Quantum Mechanical Description of Physical Reality Be Considered Complete（物理学的実在の量子力学的記述は完全と考えられるか）」という論文を発表した年。通常、EPRパラドックスと呼ばれるこの論法で、量子のランダムさを退けようと試みた。

関連項目

「もしも、量子が跳躍するとしたら？」16ページ参照。

「もしも、瞬時に星にシグナルを送ることができたら？」24ページ参照。

量子物理学

もしも、シュレーディンガーの猫が死んでしまったら？

サイモン・フリン

量子論の生みの親の1人でもあるデンマークの物理学者ニールス・ボーアは、「量子論に初めて接してショックを受けない人は、それを理解できなかった人だろう」と言った。量子論が科学者たちをとくに当惑させたのは、物質が観測されたときだけ姿を変えるかのようなイメージをもたらしたことだ。この理論が生まれた主な背景は、それまで解明されていなかった亜原子レベルの出来事が、根本的に確率に左右されるということがわかってきたことだ。確率は、過去の物理学者たちには忌み嫌われていた概念だ。量子論の誕生より150年ほど前、フランスの科学者ピエール＝シモン・ラプラスは、ある一時点で宇宙に存在するあらゆる粒子の位置と速度を知ることができれば、その過去も未来も計算することができるだろう、と述べていた。つまり、私たちの住む宇宙には時計仕掛けのような規則正しさがあるということだ。しかし、量子論では電子が波と粒子という2つの性質を示し、物質波の1つの見本であることが明らかになった。1926年にはオーストリアの物理学者エルヴィン・シュレーディンガーが、物質波を記述する方程式を提案した。このシュレーディンガー方程式は物質波が確率の波であることを示していた。ある粒子がどこにあるかを予測することはもはや不可能で、確率としてのみ存在するというのだ。さらに、ボーアと彼の賛同者たちは量子論を説明するために、この確率の波は粒子が観測されたときだけ収縮して消えてしまう、と主張した。シュレーディンガーは量子論の創設に中心的な役割を担ってきたにもかかわらず、こうした解釈は受け入れなかった。そこで、それがいかに滑稽な状況であるかを示そうと、ある思考実験を提案した。実験では1匹の猫を小さな鋼鉄製の箱に入れ、そのそばに微量の放射性物質を置く。1時間の間にこの物質の原子1個が崩壊する確率としない確率は等しいものとする。もし崩壊すれば、その放射線を検知して毒ガスが出るような装置も箱に入れ、蓋をする。放射線が出れば猫は死んでしまうだろう。この猫の状態を量子論で解釈するならば、私たちが箱の中をのぞくまで、それは確率としてのみ存在する。つまり、この猫は生きている状態と死んでいる状態の両方が重なり合っていることになるのだ。シュレーディンガーは、これを馬鹿げたことだと考えた。しかし皮肉にも、量子論の不合理さを示そうとして考案したこの思考実験が、やがてこの理論を広めるための最大の呼び物の1つになっていった。

もっと教えて

量子論のさまざまな解釈の中には、観測によって初めて現実が決まる、という考え方をしないものもある。アメリカの物理学者ヒュー・エヴェレット3世が提唱する多世界解釈では、箱をあけた時点で2つの現実が存在することを提案している。1つは猫が生きていることが観測される現実、もう1つは猫が死んでいることが観測される現実である。この2つの現実は完全に分岐して、同じように実存するが、互いに影響を及ぼし合うことはないという。

こんな情報も

量子自殺
この思考実験に猫の視点を追加した拡大バージョン。

2人
「ウィグナーの友人」として知られている、この思考実験のもう1つの拡大バージョンにおける観測者の数。1人の観測者がシュレーディンガーの猫の実験を行い、もう1人がその結果についての情報を受け取る。

関連項目

「もしも、同時に2つの場所にいることができたら？」18ページ参照。

「もしも、宇宙のすべてがランダムだったら？」20ページ参照。

「もしも、光が波ではないとしたら？」26ページ参照。

もしも、瞬時に星にシグナルを送ることができたら？

ソフィー・ヘブデン

簡単なゲームをしてみよう。あなたは小さな物体（例えばコイン）を1つ、片方の手に隠しもつ。それから両手でこぶしを作って相手に差し出し、コインがどちらにあるかを言い当ててもらう。もし、相手が最初に選んだほうの手に何も入っていなかったら、必然的にコインはもう一方の手にあることになる。次に、コインを2枚使ってこのゲームをしてみよう。相手がどちらか一方の手を選ぶと、そこにはコインがある。表が上になっているかもしれない。もう一方の手のひらを開いたとき、2枚目のコインが裏になっている確率は2分の1だ。1枚目のコインの状態とは関係ない。しかし、2枚目のコインを調べるたびに必ず1枚目のコインが反対向きになっていたら、なんと奇妙なことだろう。まさにそうしたことが起きるのが、2つの量子が「もつれている」場合である。これは一方の状態を調べた結果によって、もう一方の状態が自動的に決まるという現象だ（例えば、1個の光子を観測して垂直方向の偏光が見られたら、もう1個の光子は必ず水平方向の偏光を示す）。そして、もつれている粒子同士がどれほど遠く離れていようとも、その距離は関係ない。2つの粒子の振る舞いは瞬時に呼応し合うのだ。量子もつれを初めて予測したのは、オーストリアの物理学者エルヴィン・シュレーディンガーだ。1935年に、量子を相互作用させた後に引き離すと何が起きるか、という問題に出した答えがそれだった。アインシュタインは、この「お化けのような遠隔操作」に難色を示し、量子力学は未完成なのだと断定した。いったいどうすれば、1つの粒子の状態が瞬時に空間を伝わって、もう1つの粒子に届くというのだろう？ 実は、光より速く伝わる秘密のシグナルのようなものがあるわけではない。そうではなく、量子もつれ状態にある一方の粒子を私たちが観測すると、もう一方の粒子がとり得る状態は1つに絞られ、ほかに選択肢はなくなるということだ。ちょうど、コインを手の中に隠すゲームで、一方の手が空っぽなら、必ずもう一方の手にコインがあることがわかるのと同じである。それから80年近くが経つうちに、量子もつれはすっかり定着しつつある。実験方法は一層洗練され、多粒子系を使ったり、距離を長くしたりすることが試みられている。数多くの研究が目指すのは、その画期的な利用法である。量子コンピュータや量子鍵暗号に使われるテクノロジーの背景に、量子もつれがあるのだ。

もっと教えて

量子もつれは超光速的な効果である（光より速く伝わる）が、それは必ずしも超光速通信（情報を光より速く送ること）に利用できるという意味ではない。なぜなら、実際に何かを超光速で運べるわけではないからだ。けれども、通信の安全性を高めるために量子もつれを応用することはできる。例えば、あなたは受信者に向けて、もつれ状態にある光子の一方を伝送する。もし、誰かがこのシグナルをのぞき見ようとすると、その観測によって必ず光子の状態に何らかの影響が及び、不正が明らかになる仕組みだ。この技術は量子鍵暗号（データのエンコードに量子効果を利用する技術）に用いられている。もつれ状態の光子をどのくらいの距離まで送ることができるかが、最大の課題である。

こんな情報も

144 km
自由空間で達成した量子もつれの最長距離。カナリー諸島の島々の間で実験を行った。（144 kmは89マイル）

14 個
量子コンピュータ用に生成された、もつれ粒子の最大数の記録。

北京、ロンドン、東京
安全な量子鍵を配送するための専用光ファイバーケーブルを敷設している都市。

関連項目

「もしも、シュレーディンガーの猫が死んでしまったら？」22ページ参照。

「もしも、『スター・トレック』の「転送を頼む」が本当になったら？」28ページ参照。

科学者たちは、こう解いた
もしも、光が波ではないとしたら？

ギリスの科学者トーマス・ヤングは、1801年、二重スリットの干渉実験を通して、光が波であることを明らかにした。実験に使ったのは、2つの穴か細長い切れ込み（スリット）をあけた光を通さない物体だ。その手前側に光源を、向こう側にはスクリーンを置き、光源から光を発すると、スクリーンには暗い点と明るい点が交互に並んで現れ、やがて縞模様になった。ヤングのこの実験は、光の波が重なって互いに干渉し合い、水や音の波で見られるのとそっくりな模様になることを示したのだ。光が波であることに、これ以上確かな証拠はないように思われた。けれども、事はそれほど簡単ではなかった。

反論のルーツと言うべきものが登場したのは、1900年のことだ。ドイツの物理学者マックス・プランクは黒体放射の理論において、物体がごく小さく不連続な単位の倍数として、電磁放射（光）を吸収したり放出したりすることを提唱した。その単位をプランクは「エネルギー素量」と命名した（「素量」に当たる「quanta」という言葉は、量を問題にする「how much」という意味のラテン語が由来である）。その時点まで、エネルギーの増減はエレベーターが上下に動くのと同じように、連続的でなめらかな現象と考えられていた。しかしこのときから、エネルギーは小さな階段を飛び移るように変化するものと考えられるようになった。

こうした考え方をすると、30年ほど前から科学者たちを悩ませてきたある事柄に画期的な見通しがついてきた。それは光電効果である。さまざまな金属に電磁放射を当てると、金属の表面から電子が飛び出すことが実験で観察されていたのだが、この光電効果には意外な現象がいくつか付随していた。その1つが、光の強度を変えると放出される電子の数が変わることだ。光の強度を下げるほど電子の数は少なくなった。それでも、出てくる電子1個1個のエネルギーは変わらなかった。

ところが1902年になると、ドイツの物理学者フィリップ・レナードが、光の周波数（色）を変えると放出される個々の電子のエネルギーに違いが出ることを証明した。光の周波数が大きいほど電子のエネルギーは増大した。しかし、周波数を減らし続けると、電子が1個も出なくなるポイントが現れた。そしてこの最小の周波数（閾値周波数）は実験に使う金属の種類によって変わる。例えば、セシウムに黄色光を照射すると電子を放出するが、プラチナではそうはならないのだ。

もし光が波だとすると、これはまったく辻褄の合わないことだった。例えば、波理論によれば、光の強度が増すほど波の振幅が大きくなる。そして波は振幅が大きいほどエネルギーが大きくなる。とすれば、強い光を当てるほど放出される電子の運動エネルギーが増えると予想されるのではないだろうか。しかし実際に観測されたのは、光を強くしても出てくる電子のエネルギーは変わらず、光の周波数を大きくしたときに電子のエネルギーが増大することだった。こうした現象が起きるのはなぜだろう？　光源をいくら明るく（強く）しても、周波数が閾値未満であれば電子はまったく出ないことは、どう説明すればよいのだろう。

　この難問は1905年にアルベルト・アインシュタインが解決した。プランクの量子の概念を光電効果に応用したのだ。アインシュタインは光が光エネルギーの量子でできていることを提案した（この量子を私たちは光子と呼んでいる）。そして、光子1個のエネルギーは光の振幅ではなく、周波数によって変わることを説明した。光の強度を増すことは、より多くの光子を出すことにつながるが、それぞれの光子のエネルギーが変わるわけではない。しかし周波数を増やすと、光子1個1個が担うエネルギーの量が多くなるためにはじき出される電子のエネルギーも大きくなるのだ。このように考えることで、光電効果が見事に説明された。

　アインシュタインはこの説を発表したのと同じ年に、原子の存在を証明し、特殊相対性理論も発表している。しかし、1921年にノーベル物理学賞を授与されたのは、この光電効果に関する研究だった。

量子物理学

もしも、『スター・トレック』の「転送を頼む」が本当になったら？

ブライアン・クレッグ

サイエンス・フィクション（SF）の世界には、わくわくするような道具がたくさん登場するが、その最たるものの1つはテレポーター、つまり物質転送装置だろう。量子もつれ（2つの量子がそれぞれ離れたところにありながら、互いに影響を及ぼし合う現象）を応用すれば、それを極微スケールで実現できるかもしれない。物質転送装置とは、固形物質を、2地点間の空間を通過させることなく、純然たる情報として伝送する装置だ。アメリカのテレビ番組『スター・トレック』に登場するのが、この概念を応用した瞬間転送装置だ（番組の特殊効果チームは宇宙船着陸時の状況を想定しなかったとみえ、あの装置をむき出しで床に置いていた。それはあり得ない状況に思えるが、脚本家も気づかなかったのだろう）。『スター・トレック』のカーク船長から1個のウイルスまで、あらゆる物体は量子粒子の集合体でできている。量子というものは、何らかの形でそれを観測すると必ず変化する、という性質をもっている。そうなると、いかなる物体の量子も、そのままの形で複製することはできないように思える（この考え方には「量子複製不可能定理」という名前がついている）。しかし、量子もつれを利用すれば、この限界をうまく克服することができる。まず、1対のもつれ状態にある粒子を用意して、テレポート装置の送信側と受信側の各端末に1個ずつ置く。送信側にあるもつれ粒子を、あなたが転送したい粒子（ここではジェームスと呼ぼう）と相互作用させる。このとき、「ジェームス」粒子はアイデンティティが消去され、何らかの情報の形に作り変えられる。もつれ粒子がその情報を受け取ると、受信機側にあるもう一方のもつれ粒子にも瞬時に伝わる。この情報を解読して、必要な処理を加えることにより、もつれ粒子をジェームスの複製（クローン）に変えるという仕組みだ。この方法では、誰もジェームスに関する情報を見ようとはしないので（情報の中味を誰も見ないまま、量子もつれの連係プレーを介して伝えただけなので）、こうした現象が起こり得るわけだ。量子もつれのお化けのような連係プレーは瞬時に起きるので、量子テレポーテーションを使えば、物体を光より速く送るという夢が実現できそうに思われるかもしれない。しかし、現在の量子テレポーテーションのプロセスには必ず古典的な通信法による情報通信の部分が含まれているため、転送速度は光速以下に限られる。

もっと教えて

量子テレポーテーションを応用して、『スター・トレック』のようなやり方で人間を転送することが可能になったとしても、転送方法としては魅力的なものではないだろう。というのも、テレポーテーションは物体のさまざまな部品をある場所から他方へ移動させるわけではなく、完璧な複製を作る行為だからである。その過程で、もとの物体は破壊される。あなたが転送されて「新しいあなた」ができたなら、それは「もとのあなた」と見分けがつかないだろう。あなたの記憶も、あなたの心ももっている。それでも、あなたの身体が完全に分解されることに変わりはないのだ。

こんな情報も

2004年

オーストリアの物理学者アントン・ツァイリンガーの研究チームが、もつれ状態の光子をドナウ川越しにテレポーテーションすることに成功した年。このプロセスが長距離でも、実験室以外の状況でも、うまくいくことを示した。

1秒に原子10億個

このスピードでスキャンしたとしても、人間の体内にあるすべての原子をテレポートするには2,000億年かかる。

関連項目

「もしも、瞬時に星にシグナルを送ることができたら？」24ページ参照。

「もしも、量子を使って計算ができたら？」30ページ参照。

量子物理学

もしも、量子を使って計算ができたら？

ブライアン・クレッグ

私たちが日常生活で目にするコンピュータは、情報をビットという基本単位（二進法を意味する「binary digit」の略。0と1のいずれか）に置き換えて処理する。扱うことのできるビット数と、そのアクセスに要する時間が、あらゆるタイプの従来型コンピュータの処理能力の限界になる。しかし量子物理学のおかげで、ビットはまったく新しい次元を迎えることになるかもしれない。情報記憶の基本単位を何らかの量子粒子の状態（例えばスピンなど）にする方法が研究されているのだ。特定方向で量子のスピンを測定すると、必ず上（アップ）か下（ダウン）かのどちらかになる。観測されるまでは両方向のスピンが同時に存在するため、私たちはそれを事前に予測することはできない。しかし、アップであるかダウンであるかの確率を知ることはできる。例えば、60％の確率でアップ、40％の確率でダウン、という具合だ。この量子の状態をビットのように利用したものが量子ビット（別名、キュービット）である。キュービットは0か1かの値だけでなく、その重ね合わせの情報もとることができる。スピンの方向で言えば、アップとダウンの2方向の中間のどこかの状態を無限にとり得る（確率的に決まる）ため、莫大な数字を表すことができるのだ。そうなればコンピュータの性能が飛躍的に伸びるだろう。ただし、キュービットを使う計算は簡単ではない。数多くの研究チームが量子コンピュータの開発に取り組んでいるが、今のところ新型コンピュータで処理できたのは、「15の因数は？」といった比較的単純な問題だけだ。これはキュービットを安定に保つことが、いかに難しいかを示している。普通の家庭用コンピュータの記憶容量が 10^{12}（テラ）ビットのレベルであるのに比べて、量子コンピュータは今のところ数キュービット程度のものがほとんどだ。とはいえ、いずれその性能が向上することは間違いないだろう。量子コンピュータのもう1つの問題は、情報の入出力の手段である。量子もつれという不思議な現象を用いれば、複数の粒子に無傷のままの量子情報を共有させることができるため、その実現に重要な役割を果たすだろう。

もっと教えて

私たちは実用性のある量子コンピュータをまだ手にしていないが、量子コンピュータで走らせるアルゴリズム（算法）は、すでにある。それを使うことで、手頃なサイズの量子コンピュータの性能が従来型マシンを上回ることになるのだ。あるアルゴリズムでは、巨大な数の素因数分解が簡単にできる（この能力があれば、現在あるほとんどのコンピュータの暗号情報が解読されてしまうだろう）。また、いわゆる「干し草の山の量子針アルゴリズム」では、構造化も索引づけもされていない乱雑なデータから情報を素早く探し出すことができる。

こんな情報も

1,000回

従来のコンピュータでは最大100万回（平均すれば50万回）の試行を要するような検索を行うために、「干し草の山の量子針アルゴリズム」を入れた量子コンピュータが必要とする操作の数。

2個

実際に動いた初めての量子コンピュータのキュービット数。簡単なアルゴリズムを走らせることができた。

関連項目

「もしも、瞬時に星にシグナルを送ることができたら？」24ページ参照。

「もしも、『スター・トレック』の『転送を頼む』が本当になったら？」28ページ参照。

もしも、長さの最小単位というものがあったら？

ロードリ・エヴァンス

私たちはかつて、空間と時間は連続的なものだと考えていた。つまり、理論上は、どこまでも短い距離、どこまでも短い時間を観測することができるということだ。けれども、本当はそうではないのかもしれない。空間と時間が量子化されている（固定サイズの小さな固まりになっている）のであれば、自然界には、一番短い長さ、一番短い時間というものがあるのかもしれない。私たちはそれを、プランク長（またはプランク距離）およびプランク時間と呼び、それぞれ l_p、t_p と記述する。どちらも、ごくごく小さい単位である。プランク長はプランク定数と万有引力定数、そして光速度を使って算出される（プランク定数は光の周波数に対する光子エネルギーの比を表す不変の値、万有引力定数は万有引力の法則の式で、質量と距離に対する引力の比を表す不変の値である）。プランク長は約 1.5×10^{-35}m（つまり、1.5を、1の後に0が35個ついた数字で割った値）で、光がプランク時間の間に移動する距離のことだ。陽子の大きさが約 1×10^{-15}m なので、「陽子1個」対「プランク長」の比率は、およそ「100km（62マイル）」対「陽子1個」の比率に等しい。プランク時間も、やはりプランク定数と万有引力定数、そして光速度の組み合わせで計算するが、プランク長の場合は分母に光速度の3乗が入っているのに対し、プランク時間では光速度の5乗が分母にくる。プランク時間はおよそ 5.5×10^{-44} 秒である。「10億分の1秒」対「プランク時間」の比率は、「宇宙の年齢」対「10億分の1秒」の比率よりさらに1,000万倍小さい。これほど短い距離、短い時間の世界では、私たちが現在使っている古典的な理論ではなく、量子論による空間と時間の捉え方が必要になると考えられている。科学の世界では、もう50年以上もの間、重力の量子論というものが研究されているが、そのような理論はまだ見つかっていない。そういうわけで、私たちはまだビッグバン後の最初期（プランク時間より短い時間）のことは理解できないのだろう。

もっと教えて

量子重力理論がさまざまに研究される中、その多くが予測していることは、プランク長のスケールでは時空が「泡」のようになることだ。理論上、1プランク長だけ離れた2地点は、どんなに近づいて見ても区別がつかないと考えられる。同様に、1プランク時間だけずれて起きる2つの事象は、どんなに正確に時間を計測しても、同時に起きたようにしか見えないだろう。

こんな情報も

無限大

ブラックホールの中心部の密度に関する現在の計算値。物理学の世界で無限大と言うと、その理論に何か問題のあることが暗示される。ブラックホールの中心部を理解するためには、プランク長を考慮しなければならない。つまり、量子重力理論が必要なのだ。

ゼロ

現在の理論に基づく宇宙の始まりの時点での大きさ。密度は無限大だった。プランク長という概念からすると、距離ゼロという考え方はあり得ない。宇宙の始まりを正しく理解するためには時空の量子論が必要なのだ。

関連項目

「もしも、同時に2つの場所にいることができたら？」18ページ参照。

「もしも、あらゆるものが、ひもでできていたら？」84ページ参照。

量子物理学

相対性タイム

相対性理論と
タイムトラベル

はじめに
相対性理論とタイムトラベル

相対性理論をごく簡単に言えば、「運動は相対的なものである」という考え方にほかならない。「ある物体が100m/秒（およそ325フィート/秒）の速さで動いている」と言うとき、その数字は何か比較する物があって初めて意味をなす。日常の場であれば、たいてい地球の表面との相対関係を言っているだろう。けれども、アルベルト・アインシュタインが光について考えるとき、このことが大問題になった。

アインシュタインが取り組んだ1つ目の相対性理論（特殊相対性理論）は、光とはいったい何なのかについての当時の最新の解釈が土台になっている。19世紀にスコットランドの物理学者ジェームズ・クラーク・マクスウェルが、光は磁気と電気の相互作用の一種であることを明らかにしていた。マクスウェルは、電気の流れが磁場を生じさせ、その磁場がまた電気の流れを起こすというふうに、限りなく続いていくことを説明した。このプロセスには自立性があり、外から力を加えなくても進む。このように電場の波が磁場の波を作り出し、それがまた電荷を生じさせながら自立的に進んでいく様子は、まさに光の姿である。ただし、この説明が通るのは光が何らかの媒質の中を、ある一定速度で進む場合に限られる。このときの速度が、私たちの知る光速度である。磁場と電場は、この一定速度で動いている場合にのみ、自立的に伝わっていくことができるのだ。

アインシュタインは、光の束のすぐ横を、光と同じ速度で飛ぶ人物を空想してみた。そ

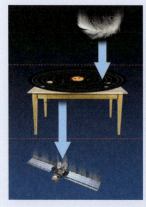

の人からすると、光は動いていないように見えるだろう。しかしマクスウェルの理論によると、光は正しい速度で動いていなければ存在することができない。つまり、光が消えてしまうことになる。互いの速度がいちいち差し引きで決まるというのなら、光と同じ方向や逆の方向に動く物体にとっては、光がその存在に必要な「正しい」速度で進んでいないことになり、消えてしまうはずだ。このことからアインシュタインは、「観察者が光に対してどのような動きをしていようとも、光は必ず一定の速度で進む」という結論を導き出した。

　光に固有のこの性質を運動方程式に当てはめると、奇妙なことが起こるようになる。1つの項目を固定すると、別のさまざまな側面が変わらざるを得ないのだ。光の速度を不変のものとすると、運動している物体は質量を増し、運動の方向に押しつぶされ、時間はゆっくり進むようになる。これが特殊相対性理論である。アインシュタインは後にこの理論を押し進め、一般相対性理論にたどり着いた。それは、空間と時間を歪める重力の作用を説明する理論である。

　相対性理論がもたらした最も魅惑的な側面は、時間の旅が理論的に説明できるようになったところだろう。意外なことかもしれないが、物理学の法則の中にタイムトラベルを否定する要素はないのだ。もし、あなたが超高速で移動すれば、あなたの時間はゆっくり進むようになり、着いた先ではあなたの周囲の未来の姿を見ることになる。一般相対性理論では時空を操るさまざまな手段が手に入り、理論上は過去に行くこともできるのだ。準備はいいだろうか。胸躍るタイムトラベルに出掛けよう。

 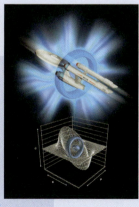  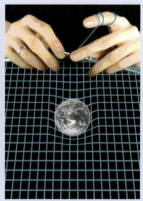

相対性理論とタイムトラベル

もしも、『バック・トゥ・ザ・フューチャー』のタイムマシンがあったら？

ロードリ・エヴァンス

アルベルト・アインシュタインの特殊相対性理論は、空間と時間についての私たちの概念を根本から変えた。この理論が示したのは、時間が相対的であるということ。つまり、時間が過ぎる速さは運動の状態によって変わるということだ。ある人の運動が光の速さに近づくと、時間は今よりゆっくり過ぎるようになる。私たちはこれを「時間の遅れ」と呼んでいる。この効果は運動の速さが光の速度の約75％になるまでは実質的に無視できるが、それより光速度に近づけば近づくほど影響が大きくなる。もし、あなたが光と同じ速さで移動すれば、あなたにとっての時間は本当に止まってしまうだろう。これが未来へのタイムトラベルを可能にする「時間の遅れ」効果である。この効果がどのように現れるかは「双子のパラドックス」を考えるとわかる。双子の兄が宇宙旅行に出掛け、自分の時計とカレンダーで10年経つまで旅行を続けるとする。その間、宇宙船は光速度に近い速さで進む。すると彼にとっての時間は地球にいる双子の弟よりゆっくり進むため、宇宙旅行から地球に帰ったときには弟に比べて年齢が若いのである。もし、この兄がぴったり一定の高速で移動したのであれば、彼が戻ったとき、地上では40年が過ぎ、弟のほうが30歳も年を取っていることに気づくだろう。この効果はSFの世界の話ではない。実際、ミューオンと呼ばれる粒子（地球に降り注ぐ高エネルギーの宇宙線が大気の上層を通過するときに生成する粒子）が地上に届くとき、毎日この現象が見られるのだ。ミューオンは地表に達する前に崩壊するはずだが、きわめて高速で動いているため、この粒子にとっての時間はゆっくり進む。その結果として、粒子が崩壊するより先に地上に届くのだ。また、3.1km/秒（1.9マイル/秒）の速度（時速に換算すれば11,000km/時、6,800マイル/時以上）で地球を周回する全地球測位システム（GPS）衛星は、この時間の遅れ効果が必ず計算に入れられている。もしあなたが光に近い速度で移動することができたなら、『バック・トゥ・ザ・フューチャー』に登場するマーティ・マクフライと同じように、一瞬のうちに未来に跳ぶことができるだろう。

もっと教えて

時間の遅れが引き起こす、びっくりするようなことが1つある。それは、もし私たちが時間の遅れ効果を無視できないような高速で移動することができたら、この効果によって別の恒星系に行けるようになるということだ。一番近い恒星系は4.2光年離れているが、時間が4倍遅れる速度（光速度のおよそ97％）で移動することができれば、ちょうど1年で実際にそこへ行き着くことができる（ただし、その間に地球では4年以上が経過することになる）。

こんな情報も

0秒

光子が何らかの移動をするときに必要な、光子にとっての時間。距離は関係ない。光速度で移動する光子から見ると、時間は止まり、距離は0になる。つまり、光子にとって、あらゆる移動は瞬間的なのだ。

1秒の3/100

民間会社が提案している2018年の火星旅行は、およそ3.5km/秒（2.2マイル/秒）の速度（時速にして12,600km/時、7,800マイル/時）で501日かかる計画だが、もしその10倍の速度で移動するとしても、時間の遅れ効果は1秒の3/100にすぎないだろう。

関連項目

「もしも、過去への旅ができるとしたら？」40ページ参照。

「もしも、ワープスピードを出せたら？」46ページ参照。

相対性理論とタイムトラベル

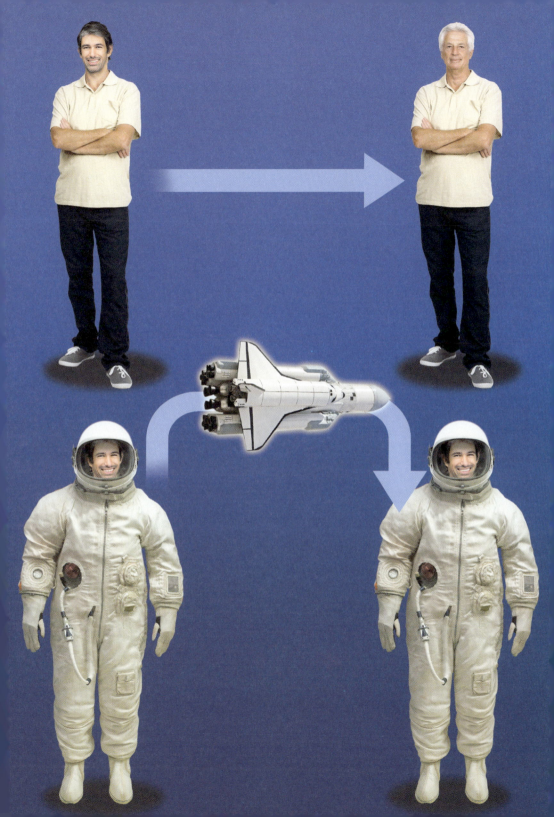

もしも、過去への旅ができるとしたら？

ブライアン・クレッグ

理論物理学者なら、「過去への旅はもはや技術的な問題にすぎない」と言うだろう。あなたはただ、負のエネルギーを使ってワームホール（時空の中の2点を結ぶ現実世界の裂け目のようなもの）の入り口をあけさせ、そこに飛び込んで行けばよい。1つだけ問題があるとすれば、ワームホールは完全に理論上のものということだ。まだ誰もそれを見たことはないし、作り方を知らない。そこを通って安全に移動する方法は、私たちにはまったくわからない。もっと言えば、負のエネルギーというものをほんのわずかでも作る方法は、まだわかっていないのだ。代わりの手段としては、複数の中性子星を連ねて円柱の形に配列させ、それを高速で回転させる方法がある。この円柱の周りを飛べば、過去へのタイムトンネルが手に入るのだ。それでも、やはり問題がある。私たちは何千個もの中性子星のある場所を知っているが、それは私たちの銀河系の外だ。タイムマシンを作るには何百光年もの空間を旅して、きわめて重いその星を10個ほどつかんでたぐり寄せ、円柱状にしなければならない。おまけにその円柱は放っておけば真ん中に丸く集まって、ブラックホールのように崩壊しそうになるが、それをどうにかして阻止しなければならない。そして最後に、その円柱を超高速で回転させるのだ。こんなことは現在のテクノロジーには到底歯が立たない離れ業だが、理論的には筋が通っているように思われる。ただし、もし私たちにそんな装置が作れたとしても、恐竜の時代に行けるわけではない。その装置でさかのぼることができるのは、装置が初めて作動した時点までだからだ。時間を巻き戻すのではなく、時間の進み方が遅い別の場所に飛んでいく装置なのだ。例えば、ここに箱が1つあるとしよう。その箱の内部では時間がほぼ止まっているものとする。箱を据えつけて1年が経つと、箱の中の時間は私の時間より1年遅れているだろう。この時点で、もし私が箱の中の世界に飛び込んだなら、1年前の過去に旅することになる。しかし、それより昔に行けるわけではない。円柱の装置はだいたいこれと同じ仕組みなのだ。

もっと教えて

もし過去に行くことができたなら、時間のパラドックスが発生する。例えば、あなたが過去に出掛けて行って、あなたが誕生する前の時代の両親を殺したら、どうなるだろう？ あなたはいったいどうすれば、もはや自分が存在しない現在に戻ってこられるだろう？ あるいは、あなたが今、手にしているこの本を私がコピーして、それが書かれる前の共著者たちに送ったら、どうなるだろう？ もし彼らが、そのコピーから担当章をまるまる写したら、いったい誰がこの本を書いたことになるのだろう？ 一部で言われているように、時間を超える旅とは何らかの並行宇宙（パラレルワールド）へ移行することだと考えなければ、説明がつかないだろう。

こんな情報も

1億トン
ブドウ1粒くらいの大きさの中性子星のかけらの重さ。

27,000年
宇宙船アポロ10号を使って1光年の距離を旅するのに必要な時間。

フレーム・ドラッギング効果
一般相対性理論に基づいて、巨大な重い物体が回転する際に空間と時間を引きずる効果。ハチミツの中でスプーンを回す状態に似ている。回転する円柱が時間の進み方を遅くするのも、この効果によるものだ。

関連項目

「もしも、『バック・トゥ・ザ・フューチャー』のタイムマシンがあったら？」38ページ参照。

「もしも、並行宇宙があったら？」80ページ参照。

相対性理論とタイムトラベル

もしも、時間が逆戻りしたら？

ブライアン・クレッグ

時間が逆戻りするところを想像するのは難しい。タイムマシンの理論的な可能性を探るときも、時間の逆戻りではなく、時間が今よりゆっくり進む場所に跳び移るという考え方が基本になる。物理学者たちもまた、時間が流れる方向にはあまり関心を払わない。しかし、スコットランドの物理学者ジェームズ・クラーク・マクスウェルが確立した電磁相互作用の方程式（光の性質を明らかにした式）には、時間の逆戻りをほのめかす奇妙な特徴があった。この式からは解が1つではなく2つ得られ、どちらも等しく妥当である。1つ目の解が示す「遅延波」は、私たちの知っている波としての光の姿である。一方、2つ目の解は、到達点を発して時間をさかのぼりながら発生源に戻っていく「先進波」という波を表していた。時間の逆戻りを意味するこの解への周囲の反応は、先進波には「意味がない」という理由をつけて無視することだった。科学的とは言い難い姿勢である。先進波は、その後ほとんど忘れ去られていたが、アメリカの物理学者ジョン・ホイーラーとリチャード・ファインマンが、光を放出する原子の振る舞いを解明しようとしたときに、ようやく注目されることになる。銃の発射時に反動があるのに似て、原子が光子を放つときには反跳という現象が起こる。しかし原子の世界とは複雑な場だ。反跳を起こした原子はその影響でまた新たな電子を放出するという、電磁相互作用のフィードバックループに陥ることになる。この「自己相互作用」とも言うべき現象は無限に続くことが予想されるのだが、ここでホイーラーとファインマンは、同時に先進波が発生するものと考えれば、この不都合な無限ループが相殺されてしまうことを発見したのだ。光子の典型的なライフサイクルは、まず1個の原子で電子が量子跳躍を起こし、光子が放出されるところから始まる。光子はその後、空間を横切って別の原子の電子に吸収されるが、ホイーラーらは、この現象に2個の光子が関与することを想定している。2個目の光子（先進波の動きをする光子）は吸収する側の原子を飛び出して、時間をさかのぼって移動し、反跳が起きるちょうどその瞬間に1個目の光子の発生源の原子に到達するというのだ。現在までのところ、観測結果に基づいてこの現象を証明する方法は示されていないが、彼らのおかげでマクスウェルの方程式は「意味がある」ものになり、反跳が説明されるとともに、（少なくともこれらの光子にとっては）時間がまさに逆戻りする場合があることを示している。

もっと教えて

もし先進波が実在するのなら、理論的には、それを使えば時間に逆行するシグナルを送ることが可能になる。この理論では、光は吸収される先があれば、そこを目指して放出されるということになる。そこで、もし空間の中に光を吸収するものがほとんどない方向を特定し、その方向の遠い場所に何らかの吸収体を置くことができれば、この行為が光源側に反映されるということだ。私たちが吸収体を置いた時点では、すでに光源からの光子の放出が増えていることになる。

こんな情報も

2個

ホイーラーとファインマンの理論による、1個の光子が関与する原子間相互作用に伴って放出される光子の数。この理論が正しければ、1個の光子は実際には2個であり、それぞれが総エネルギーの半分をもち、時空の中を互いに反対方向に移動することになる。

10〜20分

火星からの光が地球に届くまでに通常かかる時間。アメリカ航空宇宙局（NASA）が地球から火星に向けて信号を送信するときは、これと同じ分数だけ前に、先進波が火星を出発するはずである。

関連項目

「もしも、過去への旅ができるとしたら？」40ページ参照。

「もしも、タキオンを利用することができたら？」44ページ参照。

相対性理論とタイムトラベル

もしも、タキオンを利用することができたら？

ソフィー・ヘブデン

そんな道路標識を目にしたことはないと思うが、宇宙には 299,792,458m/秒（983,571,056 フィート/秒）という速度制限がある。これは真空中の光の速度であり、いかなる物体もこれより速く移動することはできない。電波信号も、宇宙船も、亜原子レベルの粒子も、あらゆる種類の情報も例外ではない。この速度制限は強制する必要はない。アインシュタインの特殊相対性理論によれば、光速度まで加速するには無限大のエネルギーが必要になるからだ。しかし、ある粒子が加速してこの速度になるのではなく、もともと規則破りの性質をもっていたら、どうだろう？ 物理学者たちは、そんな大胆なスピード狂にタキオンという名前をつけている。タキオンはまだ仮説上の存在だが、さまざまな理論の文脈に（例えば、ひも理論の中に）ひょっこり顔を出す。そしてそれが顔を見せたなら、何かの数学的解釈に怪しいところがあるというサインだ。タキオンが一躍脚光を浴びたのは 2011 年 9 月。イタリア中部のグラン・サッソの山中で、ある実験が行われ、物理学者たちを驚愕させたときだ。その実験結果には、ニュートリノと呼ばれる素粒子の運動が光速度を上回り、299,798,454m/秒（983,590,728 フィート/秒）に達したことが示されていた。考えられる説明として、しばらくの間、タキオンが取りざたされた。だが、やがて研究チームは実験装置に不具合があったことを発表した。光ケーブルの接続不良により、時間の計測値が短くなっていたのだ。騒動は収まった。結局、光の速さを超えるものなど何もなかった。なぜ動揺が広がったかと言えば、タキオンが存在するとしたら数多くの問題が持ち上がり、教科書を書き換えなければならなくなるからだ。例えば、ある粒子が光より速く移動できるとしたら、時間をさかのぼったり、因果律（結果の前に原因があるはずだという科学の基本原則）を壊したりすることも可能になるからだ。そうした問題にもかかわらず、タキオンを探し求める物理学者たちがいるが、徒労に終わっている。もしタキオンが実在するとしても、普通の物質にはごく弱い作用しか及ぼさないため、私たちには検出できないに違いない。それでは超光速通信にはあまり役に立たないだろう。タイムトラベルもそうだし、ほかにもとくに期待できそうなことはない。名前は格好いいのだけれど。タキオン。

もっと教えて

ひも理論では、タキオンとは想像上の物質で、数学の奇妙な所産であると予測されている。しかしごく最近では、タキオンが本物の質量をもち、宇宙に充満する場として存在するという考え方もある。それは初期宇宙において、時空の加速度的な膨張を推進させる重要な役割を果たしたのかもしれない。天文学者らが観測しているが、まだ解明されていないダークエネルギーである。このようなひも理論の範囲内での推論的な考え方（タキオン場の特定のエネルギー状態がダークエネルギーを発生させるという理論）はタキオン宇宙論と呼ばれている。

こんな情報も

'速い'
タキオンという名称の由来であるギリシャ語「tachus」の意味。

1960 年代
タキオンの理論的な枠組みが形成された時期。

反タキオン
タキオンの反粒子。タキオンには電荷やスピンといった普通の物質の性質を与えることができる。

関連項目

「もしも、時間が逆戻りしたら？」42 ページ参照。

「もしも、あらゆるものが、ひもでてきていたら？」84 ページ参照。

相対性理論とタイムトラベル

もしも、ワープスピードを出せたら？

ブライアン・クレッグ

宇宙は巨大な場である。もし私たちがいずれ宇宙を探検するのなら、とてつもない距離を超えていけるだけの速さが必要になるだろう。光より速い移動ということだ。例えばもし最高速度が光速度までに制限されると、最も近い銀河であるアンドロメダ銀河に行き着くだけで 250 万年もかかる。それは深刻な問題だが、特殊相対性理論によって、越えられない壁が置かれているようだ。どのような物体も光速度より速く空間を移動することはてきない。物体が光速度に近づくと質量が増していき、光速度に達した時点では無限大の重さになるのだ。ただ幸いなことに、希望のもてそうな「免責事項」がある。もしあなたが時空そのものを操作できるなら、光速度という制限も問題にならないだろう。例えば、宇宙の膨張期には光速度をはるかに超える速さで膨張が起きたと考えられている。また、量子粒子はいつも、ある場所から別の場所へ瞬時に、トンネルをくぐるように移動する。いわば無限の速さでの効率的な移動である。SFの世界でも古くからこの難問の解決策が示されている。それはワープ航法だ。ワープ航法とは時空そのものを歪め、光速度という壁を迂回する宇宙船エンジンのことだ。こうしたものは単なるフィクションだと長らく考えられてきたが、1994 年にメキシコの理論物理学者ミゲル・アルクビエレは「ワープ航法：一般相対性理論の範囲内での超高速移動」と題する論文を書いた。時空に裂け目（いわゆるワームホール）を作れば、原理上は光速超えが可能になることは知られていたが、アルクビエレが考案したのは、宇宙船の後方の時空を拡大し、前方の時空を収縮させながら、自己を包み込む「ワープバブル」を作り出すというものだった。これで原理上は光よりずっと速く宇宙船を動かすことができる。この航法の唯一の難点は、ワームホールと同じで、負の質量を効果的に安定化するエキゾチック物質と呼ばれる仮説上の物質（量的には惑星の木星に匹敵する大きさ）を必要とすることだった。

もっと教えて

2011 年、アメリカの NASA の科学者ハロルド・ホワイトは、負の質量の必要量を 2 トンほどにまで減らすよう、ワープバブルの形を修正する方法を発見した。そのようなエキゾチック物質を作ることができれば、ワープはさらに達成可能なように思われる。2 枚の金属板をごく近くに置いたときに発生するカシミール効果のように、負の質量と同じような影響をもたらす微小な効果も存在する。しかし、それはまだ、私たちがワープを使えるようになるまでに解明すべき重要課題と言うべき段階だ。

こんな情報も

0.003694 %

光速度を 1 として、人類がこれまでに経験した最も速い移動速度の割合。達成したのは地球に対して 39,897km/時（24,791 マイル/時）で飛行したアポロ 10 号の乗組員。

114,776 年

アポロ 10 号の速度で太陽系から最も近い恒星（プロキシマ・ケンタウリ）まで飛行するのに要する時間。

関連項目

「もしも、重力が力でなかったら？」
48 ページ参照。

「もしも、余剰次元があるとしたら？」
52 ページ参照。

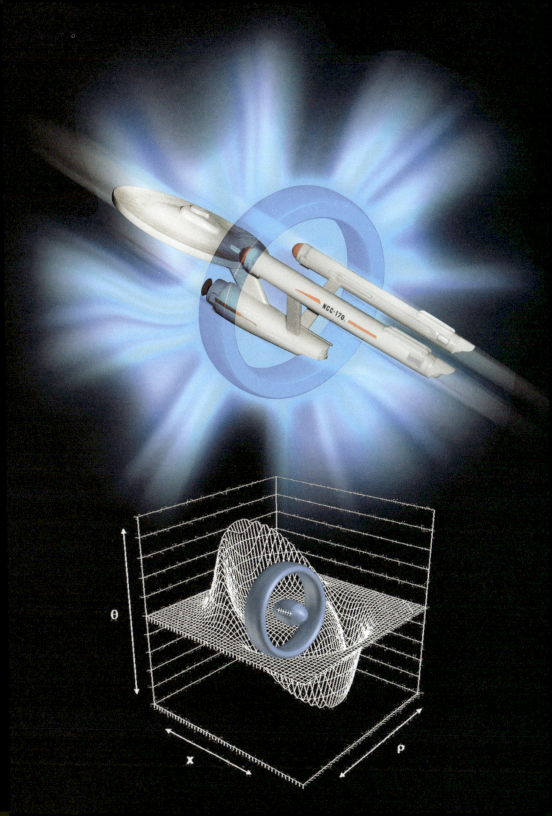

もしも、重力が力でなかったら？

ロードリ・エヴァンス

私たちは重力のことを力であると考えがちだ。プラスとマイナスの電荷を帯びた粒子の間に働く引力と同じようなものという考え方である。しかし実を言えば、重力とは空間と時間の歪みという、もっと奇妙なもののようである。1907年にアインシュタインは、後に「人生最高の思いつき」と語ることになる、あるものを手に入れた。特殊相対性理論の発表から2年が経ち、あの理論で展開した概念に加速度運動を加えるとどうなるかを考え始めていた頃のことだ。アインシュタインは不意にひらめいて、加速度と重力を見分ける方法がないことに気づいたのだ。それから9年をかけて作り上げたのが、一般相対性理論である。それは人類最高の科学的成果の1つだ。一般相対性理論は、私たちの重力についての考え方をすっかり変えさせた。重力は2つの物体の間の引力というよりも、（アインシュタインの革命的な理論では）時空自体がもつ性質にほかならない。質量をもつ物体は時空という織物そのものを歪ませ、その質量が大きいほど歪みは大きくなるのだ。アインシュタインは光が重力によって曲がることを予言したが、これは1919年に正しいことが証明された。イギリスの宇宙物理学者アーサー・エディントンが、日食の際に、太陽の背後にある星の位置を観測して確かめたのである。この効果は、いわゆる「重力レンズ」として日常的にも見ることができる。例えば、私たちには遠くにぼんやりと、いくつもの銀河があるのが見えるが、その光は手前にある天体の重力によるレンズ効果を受けて、たわんだり増幅されたりしながら届いている。また、重い物体は時空を歪ませるため、その歪みの大きい場所ほど時間の進み方が遅くなる。人工衛星が飛ぶ宇宙空間では、重力が少ない分だけ、私たちのいる地球表面よりも時間が速く進むため、GPSシステムではこの効果が必ず考慮されている（38ページ参照）。強大な重力をもつブラックホールの「事象の地平線」は、そこを越えると光すらも出られなくなる境界線のことだが、その場所では時間が確かに静止している。重力は、まさに宇宙という織物に織り込まれているようだ。

もっと教えて

一般相対性理論から推論される注目すべきことの1つは、宇宙の異なる場所をつなぐワームホールができる可能性があることだ。もし私たちがワームホールを無事にくぐり抜けられるなら、宇宙のまったく別の場所へ、ほとんど瞬間的に移動することができるだろう。

こんな情報も

4億2,000万年

これまでに観測された最も遠い銀河のビッグバン後の年齢。NASAは2012年11月に、133億光年彼方の銀河を発見したと発表した。きわめて微弱なその光は、前方にある複数の銀河による重力レンズ効果を受けて、初めて見えるようになる。

2.9 km

1太陽質量（恒星の質量を測る単位。私たちの銀河系の太陽の質量に等しい）のブラックホールの中心から事象の地平線までの距離。どのような物体でも十分に密であればブラックホールになり得る。太陽が同じ質量のブラックホールに入れ替わったとしても、地球の軌道は影響を受けないだろう。（2.9kmは1.8マイル）

関連項目

「もしも、アインシュタインが間違っていたら？」78ページ参照。

「もしも、空間と時間がループしたら？」86ページ参照。

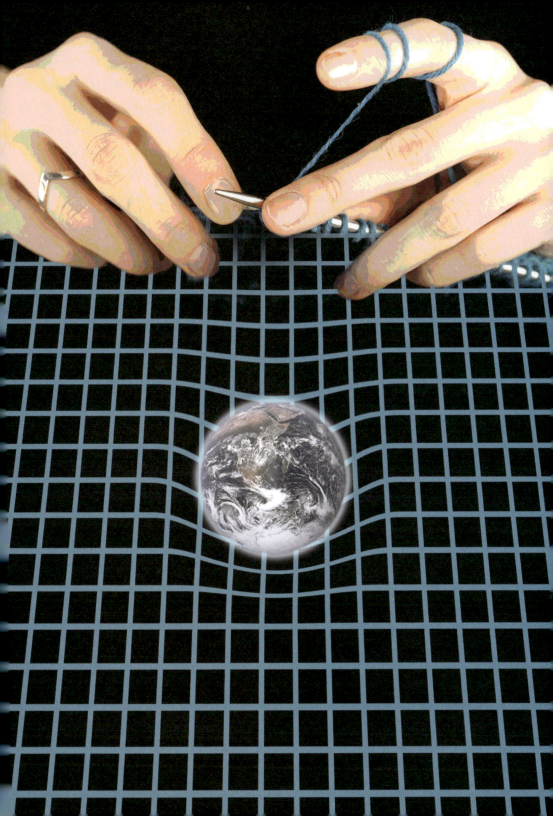

科学者たちは、こう解いた
もしも、自分が動いているかどうかがわからなかったら？

　相対性理論と言えば、すぐに思い浮かぶ名前はアルベルト・アインシュタインだ。しかしこの理論の土台になったのは、それより300年も前のイタリアで活躍した偉大な物理学者で天文学者、ガリレオ・ガリレイの業績である。ただし、それはガリレオの天文学とも、彼がコペルニクス派の理論を支持したこととも無関係だ（ガリレオは「地球は宇宙の中心ではない」というコペルニクス派の地動説を支持したために、宗教的な異端の疑いがもたれ、不名誉な裁判にかけられた）。相対性理論に生かされたのは、ガリレオが物理学に残した多大な貢献である。

　一定速度で動き続けているとき、私たちは周りの様子を見なければ自分が動いているかどうかがわからない。この単純にして革新的な考え方をガリレオは提唱した。彼は波のない海上を一定速度で進む船の上に実験室があるものと想像してみた。四方を囲まれて窓のない実験室にいると、船が動いているかどうかを判断することはできないだろう。その場に限って言えば、あらゆる物体は静止している。

　このように、運動は絶対的ではないという考え方がガリレオの相対性理論の核になっていた。私たちが動いているかどうかは、別の何かとの相対的な位置関係によって決まるのだ。今、あなたが椅子に座ってこの本を読んでいるとしよう。あなたは椅子との関係においては動いていない。地球との関係においても、たいていの場合は動いていないだろう（車や電車や飛行機、船などに乗っていれば別だが）。しかし、地球上での位置は固定されていても、あなたは地球の自転とともに回転しているし、地球の軌道に乗って太陽の周りを回っている。そして、天の川銀河と一緒になって、私たちの隣の銀河であるアンドロメダ銀河の方向に猛スピードで突進している。運動という概念は、本来このように相対的なものなのだ。

　ガリレオは友人たちを相手にして、この概念をドラマチックに証明してみせた。イタリアのウンブリア州にあるピエディルコ湖に出掛けたガリレオ一行は、漕ぐ高速船で6人で漕ぎ出発した。ボートが十分なスピードになったところで、ガリレオは「誰か何か重たい物を持っていないか」と声を掛けた。友人の1人のステルッチが自宅の玄関の鍵を取り出した。複雑な形をした重い鉄の固まりのようなその鍵は、彼の手製の錠前に合うただ1つの鍵だった。

　ガリレオはその鍵を受け取ると、頭上高く、まっすぐに放り上げた。ステルッチは青ざめてしまった。高速で移動するボートは、鍵が落ちてくる前に、間違いなくその下からいなくなっ

てしまうだろう。ステルッチは1つしかない鍵を、暗い湖水の中に失ってしまうのだ。ガリレオのもう1人の友人がどうにか彼を押さえ込まなかったら、ステルッチは落ちてくる鍵をキャッチしようとして、ボート後方の湖面に飛び込んだことだろう。ところが鍵は、ガリレオの膝の上に落ちてきた。ガリレオが思った通り、ボートが高速で水面を動いていることは鍵にとっては関係ないのだ。鍵の立場から見ると、ボートは動いてはいない。鍵を真上に投げ上げれば、ボートの中の同じ場所に落ちてくるだけのことだ。

　この相対性という概念は、ガリレオの同時代の人々にとっては大変衝撃的なことだった。それは不自然なことに思われたのだ。けれども、もしその概念がなかったら、運動に関する基礎物理学のいかなる理論も生まれなかっただろう。イギリスの物理学者アイザック・ニュートンはガリレオから多大な恩恵を受けたのだ（そして、その恩恵はアインシュタインの時代にまで受け継がれた）。もし、離れたところにある2台の車を向かい合わせにして、それぞれ地面に対する相対速度80km/時（50マイル/時）で走らせたなら、結果として2台は160km/時（100マイル/時）の速度で正面衝突することになるだろう。これとは逆に、2台の車を同じスピードで同じ方向に向けて並べて走らせたら、一方の車から見る限り、他方の車は動いていないことになる。互いに十分近い位置を走っていれば、あなたは一方の車から他方へと、難なく乗り移ることができるだろう。運動を理解するためには相対性が重要な鍵になる。

相対性理論とタイムトラベル

もしも、余剰次元があるとしたら？

フランク・クロース

もし余剰次元があるなら、空間と時間の抜け道を通ったり、「万物の理論」を発見することが可能になるかもしれない。素粒子物理学者の中には、私たちが普段気づかない、さまざまな次元があり得ると考える人たちもいる。その考えによると、より「高い」次元は空間や時間とは違ってきわめて微細なものだが、それが138億年の間に可視宇宙の全体を包み込むようになったという。重力とその他の力を統合する超ひも理論では、電子やクォークなどの素粒子が、より高次元に存在する「ひも」でできていると仮定している。これらの性質を直接調べるには、スイスのジュネーブにあるLHCでも到底及ばない大規模な実験が必要になる。つまり、未来の素粒子加速器の登場を待つしかないのだ。しかし一部の理論では、このような高次元のうちの1つがLHCで再現可能な範囲にあるとされており、もしそうであれば、その存在が証明できるかもしれない。想像上の可能性として、こんなことを仮定してみよう。私たちは1つのテーブル台の表面で暮らす生き物だとする。私たちは、そこに広がる2次元の世界しか知らない。もし何かがテーブルの上から落ちていったら、私たちにはそれが突然消えてしまったように感じられるだろう。もし一片の羽毛がふわりとテーブルの上に落ちてきたら、それはどこからともなく姿を表したかのように見えるだろう。同じようなことがLHCの実験で起きたなら、つまり、何らかの粒子が不意に現れたり消えたりすることがあれば、高次元が姿を見せた1つの証拠になるだろう。そうした次元は、たとえ微小なものであっても、私たちのいる宇宙のあらゆる地点でアクセスすることができるため、全体としての影響は莫大だ。電磁力、弱い力、そして強い力は、重力とともに、自然界の基本的な力である。電磁力、弱い力、強い力の3つは私たちの身の回りの次元でのみ作用するが、重力はあらゆる次元に「漏れ」出ていくことができるのだとしたら、いろいろな謎の説明がつくかもしれない。例えば、重力はなぜ私たちには、これほど弱くしか感じられないのだろう。その説明として、私たちが感じるのは重力の「残り物」にすぎないからだ、と言えるかもしれない。ダークマターに関する一部の理論によると、高次元に閉じ込められている物質の重力だけが私たちの次元に漏れ出てくるのだという。ダークマターの姿は見えないのに存在だけは感じられるのは、そのためだ。ただし、ここに挙げたような考え方は、まだ実験による証明が必要な段階である。

もっと教えて

いずれかの高次元では空間が曲がっているとしたら、私たちはその次元をたどって近道をすることができるだろう。空間が曲がる様子は、1枚の紙を折り畳んで端と端をくっつけることに似ていると言われている。そうした位置関係になれば、折り畳んだ紙の上半分から下半分に「瞬時」に「乗り移る」ことが可能になるだろう。そのような世界では、SFに登場するような離れ業が実現し、「サイエンス・フィクション」ではなく「サイエンス・ファクト（科学的事実）」になるのかもしれない。

こんな情報も

10^{-35} m
超ひも理論で提案されている高次元の大きさ。

10^{19} GeV
上記の極微細な長さを検出するために必要と思われる素粒子衝突のエネルギー。LHCで達成可能なエネルギーより 1×10^{15} 倍ほど大きい。

関連項目

「もしも、あらゆるものが、ひもでできていたら？」84ページ参照。

「もしも、ダークマターがなかったら？」112ページ参照。

相対性理論とタイムトラベル

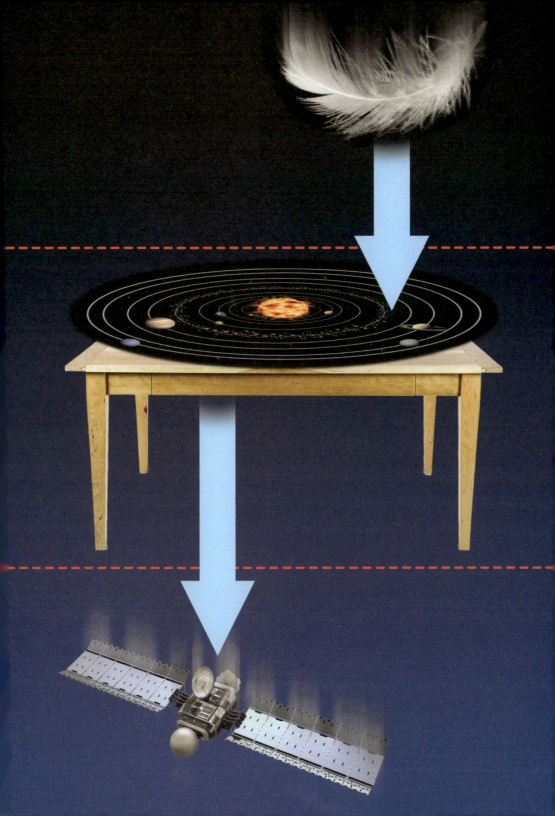

素粒子物理

素粒子
物理学

はじめに
素粒子物理学

古代ギリシャには物質についての理論が2種類あり、互いに対立していた。優勢だったほうはエムペドクレスという科学者が提案した「万物は、土、空気、火、水の4つの要素でできている」という概念である。この考え方は近代科学の黎明期まで支配的だった。しかし、その一方には「物質をどんどん小さく切り分けていくと、やがてそれ以上『切ることのできない』小さなかけら（a-tomosと呼ばれていた）になる」という理論があった。この理論を支持する人々は、万物が原子（atom）という材料でできていると考えた。

この考え方は、1800年代になって復活することになる。イギリスの科学者ジョン・ダルトンが近代的な原子論を考案したのだ。最初のうち、原子というものは化学を簡単に説明するための方便にすぎない、と考える科学者が多かった。しかし、やがてアインシュタインの時代になると、ようやく原子は実在するものとして真面目に受け止められるようになり、素粒子物理学の基礎が築かれていった。

17～18世紀のイギリスの偉大な科学者アイザック・ニュートンも、光と重力についての彼なりの考え方を通して素粒子物理学の発展に貢献した。ニュートンは、光は「corpuscle」という小さな粒子でできていると考えたのだ。一方、重力については、その働き方を本格的に解明しようとしたわけではなかったが、当時の多くの人々と同じように、物体に離れた場所から目に見えない作用が及ぶのは何らかの粒子の流れが衝突するからだ、と考えていたようである。

粒子についてのニュートンの考え方は、細かいところでは間違っていたことがわかっている。しかし、あらゆるものは（物質も力も同じように）微細な粒子の相互作用の産物であるという、素粒子物理学の基盤と言えるものが感じられる。実際にどのような粒子があるのかは、時代とともに解明が進んできた。20世紀の初めには、物質を構成する基本粒子は原子であると考えられ、原子は電子と陽子と中性子でできていることが発見された。それから時代を下るにつれ、陽子と中性子にもそれぞれクォークと呼ばれる構成成分があることがわかってきた。現在までのところ、クォークと電子は本物の基本粒子のようである。

　さらに私たちは、原子核の相互作用や宇宙線から生じることが発見された一連の素粒子（ニュートリノやミューオンなど）と、力を運ぶ素粒子（電磁力を担う光子など）、そして予想もつかない不思議な素粒子（ヒッグス粒子）をここに加えよう。「粒子の動物園」とも言われるこれらの素粒子群は、標準模型と呼ばれるモデルに統合されている。それは万物を構成する基本要素についての現在最良の知見である。

　素粒子物理学者は小さな子どもの姿に例えられることがある。子どもが時計というものに興味をもって、ハンマーで叩いては何が出てくるかを熱心に見ているみたいだ、というのだ。スイスのジュネーブにある欧州原子核研究機構（CERN）の大型ハドロン衝突型加速器（LHC）などは、確かに自然界に出現した巨大ハンマーのようなものだ。それでもそのハンマーは、現実世界の核心部分に秘められた謎を解明するために、間違いなく役に立っている。

素粒子物理学

もしも、万物の理論と大統一理論が見つかったら？

フランク・クロース

万物の理論（Theory of Everything; TOE）とは、自然界に存在する力の説明に重力を加えて記述する方法だ。これを見つけ出すことは物理学者たちの念願である。一方、すでに統一されている電磁力と弱い核力に、強い核力（原子核の素粒子を1つにまとめる力）を統合しようとするのが大統一理論（Grand Unified Theory; GUT）である。GUTが完成すれば、あなたの呼吸に合わせて髪の毛が立ったり寝たりしない理由がわかるようになるだろう。もし髪の毛に静電気が帯電していたら、同じ電荷同士の斥力で髪の毛1本1本が反発し合うことになる。もしかすると火花が出るかもしれない！ こういうことが起こらないのは物質が電気的に中性になり得るからであり、あなたが好きな髪型を保っていられるのも、そのおかげだ。当たり前のように思われるかもしれないが、これはまったく驚くべきことなのだ。原子の内部には電荷をもったたくさんの粒子がある。原子の外殻にある電子と、真ん中の原子核にぎっしり詰まった陽子だ。これらの粒子によって、原子の大きさいっぱいに強い電場が満ちている。陽子と電子はまったく異なる物質だ。例えば、陽子は電子の約2,000倍も重い。そして、宇宙の中で電子よりずっと広く拡散している。それでも、陽子1個がもつ正の電荷は電子の負の電荷とぴったり釣り合っているために、物質は電気的に中性でいられるし、重力が長い距離を超えて影響を及ぼすことも可能なのだ。このバランスはきわめて精密であることから、単なる偶然ではなく、根源的なものと考えられている。不思議なことはそれだけではない。実は、陽子はさらに小さいクォークという素粒子でできていて、1個1個のクォークは陽子1個の電荷の +2/3 か -1/3 の大きさの電荷を帯びている。そしてクォークは（5個でも1個でもなく）3個で1つの固まりになる。こうして3個1組のクォークの集まりがいくつか組み合わさって、電子の負の電荷と正確に釣り合っているのだ。これがこの電気ミステリーのひときわ興味深いところである。電子は -1 の電荷を帯びているが、クォークとは何の関係もない。私たちが知る限り、電子は基本粒子であって、それより小さな構成成分は見つかっていない。このように、物質が中性を保つ性質から、強い核力と電磁力の間、そしてクォークと電子の間には何らかの統一原理があることがうかがえるのだ。

もっと教えて

物理学者がもし万物の理論を発見したとしても、現実的に何かが解決されることはないかもしれない。私たちはすでに、原子の内部と周囲での電子の振る舞いを記述するディラックの方程式を手にしており、これは化学や生物学の観点からすれば万物の理論に当たるだろう。しかし、実際にこの式で説明できるのは、水素のような単純な原子の場合など、2、3の事例に当てはまる理論だけなのだ。この方程式はTシャツにプリントされたりもしているが、その解がそれほど普遍的かどうかはまた別問題だ。

こんな情報も

1964年
アメリカ物理学者マレー・ゲル＝マンとロシア生まれの共同研究者ゲオルグ・ツヴァイが、陽子と中性子はクォークでできているという理論を初めて提唱した年。

1975年
アメリカの物理学者ハワード・ジョージとシェルドン・グレイショウが、大統一理論の最初のバージョンを提唱した年。

関連項目

「もしも、あらゆるものが、ひもでてきていたら？」84ページ参照。

「もしも、ダークマターがなかったら？」112ページ参照。

素粒子物理学

もしも、超対称性理論があったら？

フランク・クロース

あらゆる基本粒子はフェルミ粒子とボース粒子という2種類のどちらかである。この2つのタイプは振る舞い方がまったく違う。鳥に例えるなら、フェルミ粒子は、同じ巣に2羽がいるところはまず見られないカッコウのようだ。一方、ボース粒子は、一緒にいる数が多ければ多いほど楽し気なペンギンに似ている。光子はボース粒子である。強力なレーザー光線は、大勢が集まって仕事をするボース粒子のよい例である。電子はフェルミ粒子の一種で、互いに排除し合う性質をもっている。原子や物質の構造が成り立っているのは、この電子の性質のおかげである。元素の質量数が大きくなると、原子は多数の電子をもつようになるが、その1個1個は必ず異なる状態でなければならない。それが量子力学の法則である。そして、2個の原子が同じ場所を占めることはない（1つの空間に2個の原子が重なり合って存在することはない）というのが物質構造の前提条件である。まだ証明されていない素粒子物理学の理論の1つに、超対称性（supersymmetry; SUSY）理論がある。これは、あらゆる既知のフェルミ粒子は同じ質量のボース粒子を仲間にもつということ、そしてあらゆる既知のボース粒子にはフェルミ粒子の仲間がいる、ということを提唱する理論である。したがって、負の電荷をもつありふれた電子にもSUSYの片割れがあると考えられる。それは負の電荷をもつスエレクトロン（またはセレクトロン）というボース粒子で、電子と同じごく小さな質量をもつ。陽電子にも同じように、正に荷電したSUSYの片割れあり、スポジトロンという。反対の電荷をもつボース粒子同士は互いに引きつけ合う。ボース粒子の場合、同じ状態をとる数に制限はないため、軽いセレクトロンとスポジトロンは電気エネルギーをもつ球状の固まりになるが、やがて両者は対消滅という現象を起こして光子をばらまき、原子が存在する静止環境を破壊するはずである。この現象が起こらないところからすると、もしSUSYが存在するとしても対称性の破れがあるに違いなく、この理論は現実世界に完全に当てはまるわけではないのだろう。もしSUSYが少しでも現実のものであるなら、スーパー粒子たちは、私たちの身の回りの物質を構成する素粒子よりかなり重いはずではないだろうか。CERNのLHCを使った実験では重いSUSY粒子を探しているが、実物は、まだ1つも発見されていない。

もっと教えて

この物質宇宙にある構造体のうち、既知の素粒子で説明がつくのは、せいぜい5％である。残りは何か別のものでできている。例えば「ダークマター」という大きな固まりは、私たちの目に見える（可視）銀河が何らかの重力で引っ張られているという事実から、その存在がわかっているにすぎない。SUSY理論では、電気的に中性の重い「ダーク粒子」が存在する可能性が暗示される。この粒子にダークマターを構成できるほどの安定性があるのかもしれない。

こんな情報も

10^{19}倍
超ひも理論が正しいとして、提唱されているSUSY粒子1個が陽子1個の何倍重いか。

2010年
CERNのLHCがSUSY粒子の探索を始めた年。

半分
SUSY理論が正しいとして、科学者たちがすでに発見している素粒子の割合。

関連項目

「もしも、量子が跳躍するとしたら？」16ページ参照。

「もしも、ヒッグス粒子が存在しなかったら？」66ページ参照。

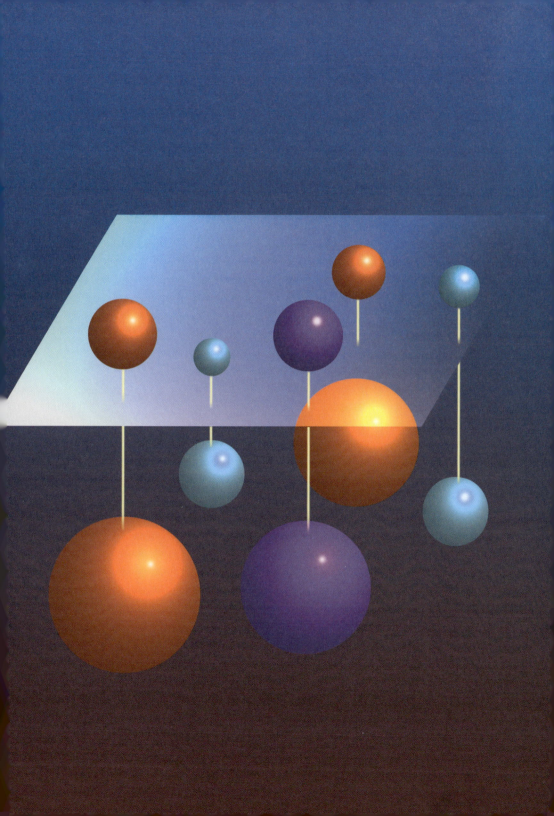

もしも、反物質に反重力が働くとしたら？

フランク・クロース

もし反物質に反重力が働くなら、この物質宇宙が存在する理由を説明できるかもしれない。宇宙論の最大の謎の1つは、なぜ、この宇宙は反物質以外の物質からできているのかということだ。理論に基づいて予測され、実験でも確認されていることだが、多様な基本粒子のすべてには対になる反物質性の粒子（質量が同じで電荷が逆の反粒子）がある。負の電荷をもつ電子の反粒子は正の電荷をもつ陽電子である。陽子の反粒子である反陽子は負の電荷を帯びている。反物質がもつ最も印象的な性質は、反粒子が粒子と衝突すると光子などの形で放射エネルギーを発しながら対消滅することだ。逆に、高い放射エネルギーが同数の粒子と反粒子に変わることもある。この現象は実験で観察されており、「ビッグバン直後の莫大なエネルギーから、完全に対称な物質と反物質が生成した」という理論はここから生まれてきた。しかし、観測可能なこの宇宙は物質でできている。大量の反物質がどこかに固まって残っている、などという証拠はまったく見つかっていない。反物質はどのようにして消えてしまったのだろう？　物質と反物質は完全に鏡で映したような存在ではなかったということだろうか？　もしかすると、ほとんどの物質と反物質は対消滅したのだが、物質のほうがわずかに多かったために現在のような物質宇宙になったのかもしれない。しかし、この説明の証拠となるものは、まだない。もしも物質と反物質が重力によって反発し合うとすれば、私たちは「多宇宙（マルチバース）」の中の1つにいるということかもしれない。反物質からなる広大な宇宙は、ビッグバン後に生まれた大量の物質によって、はじき飛ばされたのだ。この考え方をすれば、私たちはこの多宇宙の中の「物質の部」を占めているが、相方である「反物質の部」は、はるか彼方にあって検出できない、ということかもしれない。重力が物質や反物質の個々の粒子に及ぼす作用はきわめて弱いため、その効果を観測することは非常に難しい。陽電子などの反粒子は容易に手に入るが、その1つ1つは電荷を帯びているため、周囲の物質からの電磁力が、重力のかすかな効果を圧倒してしまうのだ。反物質が物質と同じように重力からの引力を受けるように見えたとしても、あまりにも不確実である。反物質に反重力が働くという可能性は、まだ議論の余地が残されている。

もっと教えて

スイスのジュネーブにあるCERNのAEgIS実験では、地球の重力が反物質に及ぼす直接作用を初めて観測することが計画されている（AEgISは「Antihydrogen Experiment: Gravity, Interferometry, Spectroscopy」の略語で、直訳すれば「反水素実験：重力、干渉、分光測定」）。反水素の原子は電気的に中性であるため、それらに対する重力の作用を測定することができる。実験では反水素の原子をビームにして、ごく小さな格子の枠を通過させ、発生する干渉縞の変化から、原子が飛行中にどのくらい落下したかを測定する予定である。

こんな情報も

$9.10938291(40) \times 10^{-31}$ kg
陽電子1個の質量。これだけの重さしかないため、微弱な重力の作用を検出することは難しい。

10^{40} 倍
水素原子1個に対する重力の力が静電気に対してどれだけ弱いか。反物質の粒子1個ほどのスケールでは、電磁力が重力を圧倒してしまうことがわかる。

関連項目

「もしも、ビッグバン理論が間違っていたら？」82ページ参照。
「もしも、反物質がどこにでもあったら？」92ページ参照。

素粒子物理学

科学者たちは、こう解いた
もしも、原子に部品が
あるとしたら？

「**万**物は原子でてきている」という理論の起源をさかのぼると、古代ギリシャの時代にたどり着く。古代ギリシャ思想には、物質をどんどん小さく切り刻んでいくと、最後にそれ以上「切ることができない（a-tomos）」状態になるはずだ、と考える学派があったのだ。これが「原子（atom）」という名の由来である。しかし、この原子の概念が科学の世界で意味をもつことになったのは、ようやく19世紀の初め頃、イギリスの科学者ジョン・ダルトンが原子量を発見したときだ。ダルトンの画期的な発見によって、元素はそれぞれ独自の原子で構成されていることが明らかになり、原子が元素の化学特性と固有の重さをもたらすことが理解されるようになった。それでもまだ、原子の存在は不確かなものとみなされていた。

1897年にイギリスの物理学者J・J・トムソンが電子の発見を発表した。このとき、ようやく古代ギリシャの概念は完全に過去のものとなった。1904年にトムソンは、原子の「ブドウパン・モデル」を提唱した。負電荷をもつ電子（干しブドウ）が原子内部のあちこちに散らばって存在し、その周りを正電荷をもつ雲のようなもの（パン）が取り囲むことで、全体として電気的に中性になっているというモデルである。トムソンは最初のうち、原子の質量を与えているのは電子であると考えていたため、1個の水素原子の中に2,000個ほどの電子があるものと想定した。しかし2年後にトムソンは、この電子の数を大幅に減らし、各元素の原子番号に近い数にした。

本物のブドウパンもそうだが、このモデルはあまり長持ちしなかった。1909年になると、かつてトムソンのもとで学んでいたアーネスト・ラザフォードが、今では有名になった、ある実験を行った。一片の金箔にアルファ粒子を衝突させるその実験では、衝突させたうちのごくわずかな数の粒子が跳ね返ってきた（アルファ粒子は2個の陽子と2個の中性子からなり、ヘリウム原子の原子核と同じものである。ただし、当時はまだ陽子と中性子が発見されていなかったため、ラザフォードはそれが何であるかは知らなかった）。この実験から、ラザフォードは原子の新しいモデルを考案した。正電荷をもつ小さな原子核（原子全体の体積の一部を占めている）が原子の質量のほぼすべてを担い、電子はその周りを回っているというモデルだ。あの実験でアルファ粒子の大部分は金箔を構成する原子を通り抜けたが、原子核に衝突した分だけが跳ね返った、と考えれば理解できたのだ。

1920年にラザフォードは、原子核にある正電荷の粒子を陽子と名付けることを提案するとともに、同じ場所に電気的に中性の粒子も存在すると推測し、後に中性子と命名した。このようにして始まったのが、新発見よりも理論が先行する傾向である。その後の年月で素粒子物理学が進展していく様子が、まさにそうだった。ようやく中性子の存在が証明されたのは、1932年、イギリスの物理学者ジェームス・チャドウィックの業績だった。

　今や私たちは原子の構造を知っている。学校で習ったのは、陽子と中性子からなる原子核の周りを電子が回っている姿である。しかしこれは、いみじくも「粒子の動物園」と呼ばれた状況の最初の「陳列物」にすぎない。1970年代初頭には、科学者たちが力を合わせ、素粒子と力の標準模型として知られるようになるモデルを作り上げた。このモデルは、宇宙の万物が12種類の基本粒子と4つの基本的な力でできていることを提唱している。

　このモデルの素粒子は、クォーク、レプトン、ゲージ粒子という3つのグループと、ヒッグス粒子で構成されている。クォークには6種類の「フレーバー」がある。アップ（u）、ダウン（d）、チャーム（c）、ストレンジ（s）、トップ（t）、ボトム（b）である。陽子はu、u、d、中性子はu、d、dのクォークからなる。電子はレプトンの一種であるが、レプトンにも6種類のフレーバーがある。電子（e⁻）、電子ニュートリノ（νe）、ミューオン（μ^-）、ミューオンニュートリノ（ν_μ）、タウ（τ^-）、そしてタウニュートリノ（ν_τ）である。ゲージ粒子は4つの基本的な力のうち3つ（弱い力、強い力、電磁力）を担っている。4番目の基本的な力は重力であるが、この力については素粒子物理学による説明がされていない。

　イタリアの物理学者エンリコ・フェルミは、「若者よ、これらの粒子の名前を覚えられるくらいなら、私は植物学者になっていただろう」と言ったとか。その気持ちもおわかりいただけるだろう。

素粒子物理学

もしも、ヒッグス粒子が存在しなかったら？

フランク・クロース

この質問に端的に答えるなら「私たちは存在しないだろう」ということになる。ヒッグス場は宇宙に浸透していると考えられており、電子やクォーク、そしてWボソンといった基本粒子に質量を与えている。原子1個の大きさは、ある意味で電子の質量に支配される。例えば、もし電子が今より軽ければ、原子は実際より大きくなるだろう。もし電子に質量がなかったら、原子は無限に大きくなるだろう。それは原子は存在しないというのと同じことだ。そうなれば化学も生物学も、生命体もない。クォークの質量によって、強い核力（原子核の粒子たちを互いに結びつける力）はごく狭い範囲にのみ作用することになる。原子核が非常にコンパクトであるのは、この力のせいだ。もしクォークに質量がなかったら、原子核が形成されることはないだろう。ただし、個々の中性子や陽子は存在し、現在ある姿と同じ質量をもつだろう。よく誤解されることだが、ヒッグスは宇宙の万物に質量を与えるわけではない。全体の中のほんの小さな部分を担うだけ、というのが本当のところだ。あなたの（そして、私たちが目にするあらゆる物の）質量のほとんどは原子核にある陽子と中性子によるものだが、その質量はそれぞれの粒子に閉じ込められたクォークの運動エネルギーから生じている。このエネルギーはヒッグスがまったくなくても存在すると思われる。一方、Wボソンは弱い核力を伝えるのが役割だ。放射性物質の崩壊や、太陽の中心核での水素からヘリウムへの転換などに関与している。Wボソンの大きな質量があるために、太陽はごくゆっくり燃え、何十億年もの進化が続いてきた。もしヒッグス場がなかったら、Wボソンは質量をもたず、弱い核力はもっと強力だったはずで、太陽ははるか昔に燃え尽きていただろう。ただし、太陽がもともと存在したとすればの話である。おそらくは、それ自体がなかっただろう！　ヒッグスがなくても、何らかの宇宙は存在したと思われるが、それは私たちが知っている姿ではない。

もっと教えて

基本粒子がこのようにして質量を得たという考え方は、1964年頃に何人かの研究者がそれぞれ個別に提唱した。したがって、「ヒッグス場」と呼ぶ慣習はヒッグス以外の人たちにとっては不公平だろう。しかし、ヒッグス粒子という名前がつけられたことは公平と言える。なぜなら、理論的に考えて、この不安定で重い粒子が存在するに違いなく、実験で検証可能であるということに注目したのは、イギリスの理論物理学者ピーター・ヒッグスだけだったからだ。この粒子は2012年に実際に見つかった。

こんな情報も

125 GeV

ヒッグス粒子の質量。水素原子の130倍ほど重い。21世紀になるまで、素粒子物理学で使われるどのような加速器も、この重い粒子を生成させることはできなかった（GeV [ギガエレクトロンボルト] は素粒子物理学者が使う単位。1 GeVは 1.783×10^{-27} kgに相当する）。

2012年

CERNの実験でヒッグス粒子が見つかった年。シカゴ近郊のフェルミ研究所でも発見された。

関連項目

「もしも、超対称性理論があったら？」60ページ参照。

「もしも、あらゆるものが、ひもでてきていたら？」84ページ参照。

もしも、原子を見ることができたら？

原子の大きさはオレンジの 10 億分の 1 しかない。この比は、オレンジと木星の大きさの比と同じくらいだ。私たちが肉眼で見ることのできる最小の大きさは、1 本の髪の毛の幅の何分の 1 程度である。それでも原子 1 個に比べれば100 万倍くらい大きい。人間が自然界を観察する能力が飛躍的に向上したのは、17 世紀に、オランダの科学者で商人だったアントニー・ファン・レーウェンフックが光学顕微鏡を発明したときだ。その後の年月で顕微鏡は劇的に改良されたが、人が原子を観察できるほどの精密さは、どうしても達成できなかった。それは、可視光の波長が原子 1 個よりはるかに大きいからだ。ある物体の表面にある 2 点間の距離が可視光の 1 波長より短いと、両方の点から反射される光が干渉し合うため、人はそれを検知できない。しかし、イギリスのマンチェスター大学の研究者らは 2011 年に、分子レベルでの観察が可能な新型の光学顕微鏡を発表した。大きさが数 nm しかないガラスビーズを利用することで、波長の限界を克服することができたのだ。それでも、まだ私たちは原子を直接見ることはできない。1980 年代にはドイツの物理学者ゲルド・ビニッヒとスイス人の共同研究者ハインリッヒ・ローラーらの IBM の研究チームが、間接的ではあるが、1 個 1 個の原子を観察するための技術を開発した。その成果によって 1986 年のノーベル物理学賞を受賞している。走査型トンネル顕微鏡と呼ばれるようになったその顕微鏡は、調べたい物質の表面から 1nm の範囲まで微細なタングステン針 (先端は原子 1 個分しかない) を近づけ、物体の表面上で動かすというものだ。針と物体の間にほんのわずかな隙間ができるため、量子トンネル効果という量子力学的な性質のおかげで、針から電子が飛び出して物体に当たり、両者の間にわずかな電流が流れるようになる。針を物体の表面上で動かしながら先端を上下させることで、電流が一定に保たれる。このようにして物体表面にある原子の像が結ばれ、1 個 1 個の原子の位置と大きさを仔細に見ることができるのだ。

サイモン・フリン

もっと教えて

1990 年には、走査型トンネル顕微鏡を使って、原子を 1 個ずつ運んだり置いたりできることが示された。IBM の科学者らがこの顕微鏡を使い、ニッケルの表面上にばらまいた 35 個のキセノン原子を「ドラッグ＆ドロップ」して、彼らの会社の名前を書いて見せたのだ。その画像は有名な科学雑誌『ネイチャー』の表紙を飾った。

こんな情報も

400〜700 nm
可視光のおよその波長。

1981 年
ゲルド・ビニッヒとハインリッヒ・ローラーが走査型トンネル顕微鏡を開発した年。

275 倍
オランダの科学者アントニー・ファン・レーウェンフックが作製した最も高性能の現存する顕微鏡の倍率。

関連項目

「もしも、原子に部品があるとしたら？」64 ページ参照。

「もしも、絶対 0 度より冷たいものがあったら？」118 ページ参照。

素粒子物理学

もしも、電子を光で置き換えることができたら？

ブライアン・クレッグ

アメリカの半導体チップ製造会社インテルの共同創業者ゴードン・ムーアは、1965年に、集積回路の部品の数が年々倍増していることに気づき、その傾向はあと10年以上は続くだろうと予想した。この傾向はわずかに修正され、2年で倍増という規模にはなったが、「ムーアの法則」は40年以上もの間、驚くほど当たっていることが証明されている。しかし、物理学の観点からすると、こうした増加は永遠には続かないと明言できる。チップ内部の接点が原子サイズのオーダーまで小さくなると、それ以上小さくする余地がなくなるポイントが訪れるのだ。また、チップを流れる電子は量子粒子であるため、小さくなればなるほど、電子は接点から接点へとトンネルしてしまう確率が高くなる。これらの限界を克服する方法をわかりやすく言えば、2次元から3次元に移行することだ。それはある程度までは実行可能だが、接点を3次元に配置することは複雑であるため、すぐまた新たな限界がくるだろう。将来の新世代コンピュータでは、マシンの核心部分に利用する量子粒子を電子から光子に変えることになるかもしれない。つまり、エレクトロニクスからフォトニクスへの転換である。電子と光子は、粒子としてのタイプがまったく違っている。電子には質量があるが、光子に質量はない。電子は電荷を帯びているが、光子に電荷はない。しかし、どちらも量子粒子として波に似た性質をもち、またどちらも何らかのシグナルを運ぶという重要な任務に用いることができる。光ベースのコンピュータを作るには現実的な課題が数多くあるが、大きな利点が1つある。電子は互いに反発し合うフェルミ粒子（パウリの排他律に従う粒子）であるため、2つの電子がまったく同じ状態にあることは起こり得ない。一方、光子は集まることが好きなボース粒子である。光子同士が互いに透過し合ったり、あなたの好きなだけたくさんの光子を同じ空間に置くこともできる。こうした性質のおかげで、無数の接点を簡単に通過する光ベースのチップの構想は実現可能である。

もっと教えて

光ベースのトランジスタを作る方法はいくつかある。一方向の光の伝達を、別方向にある特殊な結晶に当てる光の強度で制御すればよい。ただし、それでもかなり大規模な装置になる。光てのみ作動するナノスケールの特殊な光学装置は数多くあることから、同じポイントを常時無数の信号が通過するコンピュータは、まったく違うアプローチでいずれ実現されるだろう。

こんな情報も

1953年

アメリカの物理学者チャールズ・タウンズが、メーザー（レーザー発見のもととなったマイクロ波。光コンピュータに不可欠と思われる）を初めて発生させた年。

25億個

2012年時点で市販されている最大のコンピュータ用プロセッサ（インテル社の10 Core Xeon Westmere）のトランジスタの数。

関連項目

「もしも、量子を使って計算ができたら？」30ページ参照。

「もしも、ロボットに意識があったら？」138ページ参照。

もしも、原子が空洞でなかったら？

もし原子が電子で充満していたら、そしてその電子は好きな場所に移動することができるとしたら、原子は形成されるのとほぼ同時に大量の放射エネルギーを発して崩壊してしまうだろう。原子は中心部にある密で重い正電荷の原子核と、その周りを回る負電荷の電子で構成されている。この系を1つにまとめているのは、電気力の法則（「異種の電荷は引きつけ合う」）である。原子の構造は、よく小さな太陽系に例えられる。惑星のような電子が、太陽に相当する中心部の原子核の周りを回っている様子である。しかし、この例えは多くの点で誤解を生んでおり、とくに、原子に空洞が多いことを正しく表してはいない。太陽の周りを回る地球の軌道は、太陽の直径の約100倍の位置にある。これを水素原子の電子と原子核の位置関係に置き換えると約10,000倍であり、原子は太陽系に比べて驚くほど空洞が多いことがわかる。さらに重要なことは、原子内部の電磁力は重力に比べてずっと強いため、原子は太陽系に比べて、はるかに小さくまとまっているというところだ。古い物理学の考え方では、電子は光を発すると1秒の何分の1かの間に、らせんを描きながら原子核に引き寄せられていくことになる。しかし、現実にはこうしたことは起こらないことから、微細な原子の内部で働く法則（量子力学の法則）は私たちの日常世界の法則とは違うということがわかる。電子はどこでも好きな場所に行けるのではなく、移動が制限されている。それは、はしごを登っている人のようなもので、とびとびで横木に乗り移ることしかできないのだ。それぞれの横木は、電子が特定量のエネルギーをもつ状態に相当する。1個の電子が高エネルギーの横木から低エネルギーの横木に降りていくと、そのエネルギーの差が光子となって放出される。放射光のスペクトルは特徴的な色の縞模様になるが、この模様は元素の種類ごとに固有である。

フランク・クロース

もっと教えて
遠い宇宙にある物体から届く光のスペクトルは、そこにどんな元素があるかを教えてくれる。電子はフェルミ粒子であり（60ページ参照）、2個の電子が同時に同じ状態をとることはできない。この性質によって、原子はそれぞれの独自性を保ち、物質固有の構造が生じるのだ。隣り合う原子は電子を交換し合ったり、電子を貸し借りすることもある。その結果として2つの原子が互いに結びつき合い、分子が形成されている。

こんな情報も
1897年
イギリスの物理学者J・J・トムソンが電子を発見した年。

1911年
ニュージーランド生まれの物理学者アーネスト・ラザフォードが原子核についての理論を発表した年。

1913年
デンマークの物理学者ニールス・ボーアが原子模型を完成させた年。

関連項目
「もしも、量子が跳躍するとしたら？」16ページ参照。

「もしも、原子を見ることができたら？」68ページ参照。

宇宙論

宇宙論

はじめに
宇宙論

古いことわざに、こんなものがある。「ただの推論がある。乱暴な推論もある。そして、その上をいく宇宙論がある (There's speculation, then there's wild speculation, and then there's cosmology)」。これはあんまりな言われ方かもしれないが、ある意味で真相をついている。宇宙論が扱うのは宇宙全体の起源と性質だが、それはそもそも研究することが難しいからだ。宇宙はあまりに広いため、私たちには地球のすぐそばの星に行ってみるくらいのことしかできず、調べること自体が困難だ。

物理学の重要な研究手法は、実験室で実験をしてみることだ（なかにはCERNのLHCのように、巨大な規模の「実験室」が必要になる場合もあるが）。しかし、扱う対象が宇宙となると、実験で試してみることなどできない。科学にとっては再現性も重要なよりどころになるが、私たちは宇宙を1回きりしか体験することができない。もう一度やり直して結果を比べてみるというわけにはいかないのだ。

宇宙学者にできることと言えば、観測を信頼することくらいだが、その観測は往々にして、ごく間接的である。例えば、私たちは銀河に直接触れることはできない。銀河についてわかっていることは、すべて光として運ばれる情報から得たものだ。最近まで、科学者たちの頼りになるのは可視光だけだったが、今では、あらゆる範囲の電磁スペクトルを利用できる。ラジオ波からマイクロ波、赤外線、可視光、紫外線、X線、そしてガンマ線まで、選択肢は幅広い。ただ、こうして新たに膨大な量の情報が入るようになったとは言っても、観測が間接的であることに変わりはない。

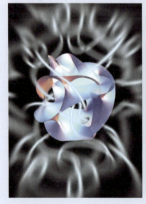

科学者にとってのもう1つの問題は時間である。地上で何百万年も何十億年も前に起きたことを解明しようとする科学者たちに比べれば、宇宙学者のほうが、ある意味では幸運なのかもしれない。地質学や古生物学の研究者は、地中から発見されるあらゆる「残り物」を頼りにして、それがいつの時代に由来するかを推定するしかない。しかし、宇宙学者にはいわば「目で見るタイムマシン」というべき手段がある。宇宙に目を向け、遠くを見れば見るほど、時間をさかのぼって見ることになるからだ。私たちに情報を届けてくれる光は限られた速度でしか移動できないため、宇宙空間を調べることは、そのまま宇宙の歴史を調べることにつながるのだ。

　一例として、人が肉眼で見ることのできる最も遠い天体のアンドロメダ銀河を見てみよう。この銀河は250万光年という彼方にある。つまり、私たちが目にしているのは、この銀河の250万年前の姿なのだ。今までで一番遠くを捉えた直接観測では、私たちは120億年もの昔に連れて行ってもらった。とはいえ、ごく初期の宇宙のことを知ろうとすれば、やはり宇宙マイクロ波背景放射のような間接的な観測に頼るしかない。宇宙の起源を記述しようとどんなに試みても、せいぜい推測の域を出ないのだ。

　ほかのどのような科学の領域にも、私たちの最良の宇宙論ほど簡単にくつがえされるものもないだろう。ビッグバンだって本当はなかったのかもしれない。宇宙には、まだたくさんの驚きが待ち受けている。

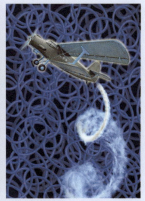

宇宙論

もしも、アインシュタインが間違っていたら？

ロードリ・エヴァンス

「私の最大の過ちだった」——アインシュタインは重力の方程式に自ら取り入れた宇宙定数のことを、このように言った。ほとんどの天文学者が宇宙は膨張も収縮もせず、静止していると考えていた当時（1916〜17年頃）、アインシュタインは宇宙定数というものを持ち出した。その役割は、彼の方程式を宇宙のサイズに合うように「固定」することだった。しかし1929年になると、アメリカの天文学者エドウィン・ハッブルが宇宙は膨張していることを発見した。これによって、アインシュタインがあの有名な台詞で、自らの過ちを告白することになったのだ。ただし、最近15年ほどの間には、天文学者たちが宇宙定数について再考することを余儀なくされる発見があった。1998年に、宇宙の膨張速度を測定しようと試みてきた2つの研究チームが、それまでの結果を報告した。誰もが予想したのは、宇宙の膨張速度が遅くなっていることだ。重力とは、つまるところ引力の一種であるため、ビッグバン以来の時間経過に伴って、外に向かう銀河の動きは減速するはずだと考えられたのだ。しかし、発表によると、宇宙の膨張は加速していた。現在のその速さは、宇宙の年齢が今の半分だった頃より速くなっている。謎の多いダークエネルギー（宇宙の固有の性質と思われる力）の作用によって、銀河は互いに加速度的に離れつつあるのだ。ダークエネルギーの性質はまだよくわかっていないが、1つの可能性は、それこそがアインシュタインの宇宙定数ということだ。今後さらに研究を行い、ダークエネルギーが時間とともに変化したのかどうかを解明しなければならない。1998年に初めて発見された頃に比べると、天文学者はさらに時間をさかのぼって調べることができるようになっている。宇宙の膨張が今より遅かった頃の様子が観測できるのだ。私たちは今、銀河団が互いに引きつけ合う重力の作用より、ダークエネルギーのほうが優勢な時代に生きている。しかし、過去においてはそうではなかったようだ。宇宙の膨張は当初は減速していたが、その後にダークエネルギーが優位になり、膨張速度が増加した。ダークエネルギーが宇宙の特性の1つであるなら、その量が増加する余地がある限り、こうしたことも予想されるだろう。

もっと教えて

宇宙が大きくなるにつれ膨張速度が増すのであれば、宇宙は加速度的に膨張を続け、やがてバラバラになるだろう——この現象を「ビッグリップ」と言うことがある（「リップ」は引き裂くという意味）。銀河同士が超高速で離れていくと、私たちには、いつかその光が見えなくなるだろう。素粒子物理学では1つの宇宙定数が予測されているが、その数字は観測されている値より10の120乗ほども大きい。これはダークエネルギーに関連する数多くの謎の1つである。

こんな情報も *4

68.3 %
宇宙の組成についての現在の「Λダークマター」モデルにおいて、ダークエネルギーが宇宙の中で占める割合。

4.9 %
同じモデルで「ノーマル」マター（通常の物質）が宇宙の中で占める割合。残りの26.8%がダークマターと考えられる。

67.5 km/秒/Mpc
ハッブル定数との関係で計測された、宇宙の現在の膨張速度。この値は宇宙の年齢が現在の半分だった頃は、もっと小さかっただろう。Mpcは天文学的な距離を表す単位、メガパーセクの略号。（1Mpcは約326万光年）

関連項目

「もしも、反物質に反重力が働くとしたら？」62ページ参照。

「もしも、宇宙が無限大だったら？」90ページ参照。

宇宙論

もしも、並行宇宙があったら？

ソフィー・ヘブデン

私たちの宇宙は膨大な数の別の宇宙と並行して存在する、と考える科学者は多い。たくさんの宇宙をまとめて「多宇宙（マルチバース）」と言う。私たちには、ほかの宇宙のことはまったく見えないので、それを証明することはできないだろう。それでも多宇宙の存在はさまざまな理論によって予測されている——宇宙の無秩序な膨張（カオス的インフレーション）の中からぶくぶく生まれてくる時空の泡であるとか、ひも理論や量子力学の「多世界」解釈に基づく不安定状態であるとか、いくつかの説があるが——。多宇宙では、物理学のさまざまな法則を左右する数字（例えば、光速度、電子がもつ電荷、など）が1つ1つの宇宙ごとに異なっているかもしれない。私たちのこの宇宙におけるそうした数字は基本定数と呼ばれ、細かい微調整（ファイン・チューニング）が施されて、現実世界を構成するさまざまな粒子と力のあり方を決めている。しかし、そうした定数がなぜその値になっているかは誰にもわからない。例えば、電磁相互作用の強さを支配する微細構造定数という数字がある。もし、あなたがこの定数を操作して今より4％大きくしたら、恒星で炭素が生まれることはなかっただろう。あるいは4％小さくしたら、酸素のない世界になっていただろう。どちらにしても、私たちが知っているような生命は存在しなかったことだろう。多宇宙という考え方をすれば、この微調整の謎にうまく対処することができる。もしも基本定数の異なる宇宙が無数に存在するのであれば、その中には、私たちが目にするような自然界を生じさせる存在になるものが、少なくとも1つはあると考えられるからだ。これは、もし宇宙が今あるような姿でなかったら、私たち人間がそこに存在して宇宙について語ったりすることもなかったはずだ、という「人間原理」の1つの解釈である。また、なぜ宇宙のエントロピー（乱雑さ）は絶えず増大するのか、という問題も多宇宙という考え方で解決できるかもしれない。こぼれたコーヒーは決してカップには戻らない。けれども泡宇宙が生まれてくる唯一の理由は、おそらく何らかの低エントロピー状態が始まりになるということだろう。ほかにも、私たちの宇宙の別な始まり方を提唱する研究がある。この宇宙には始めからかなりの量のエントロピーがあり、それをある種の量子トンネル効果のようなプロセス（量子粒子がある場所から別の場所に跳び移ることができるのと似ている）を経て、別の泡に受け渡したという考え方である。

もっと教えて

たくさんの泡宇宙が存在するのであれば、私たちの宇宙と「泡の衝突」を起こすこともあるだろう。私たちはこれを手掛かりにして、別の泡宇宙の証拠を見つけられるかもしれない。泡の衝突では宇宙マイクロ波背景放射（ビッグバンで生じた放射の名残り）に何らかの痕跡が残る可能性がある。それは温度の異なる丸い斑点のように見えるかもしれない。まだ決定的な証拠は見つかっていないし、泡の衝突で何が起きるかは誰にもわからないが、石鹸の泡のように「パチン」という大きな音を立てて消えてしまうのかもしれない。

こんな情報も

100,000にゼロが495個

ひも理論の方程式の解の数。それぞれの解を時空の泡1個に置き換えたなら、それが予想される泡宇宙の数ということになる。

1895年

アメリカの哲学者で心理学者のウィリアム・ジェームズが、「多宇宙」という言葉を初めて使った年。

関連項目

「もしも、ビッグバン理論が間違っていたら？」82ページ参照。

「もしも、あらゆるものが、ひもでてきていたら？」84ページ参照。

宇宙論

もしも、ビッグバン理論が間違っていたら？

ロードリ・エヴァンス

1960年代まで最も広く支持された宇宙論は「定常宇宙論」だった。膨張を続ける宇宙では新たな物質が絶えず生成され続けている、というこの説は、イギリスの天文学者で数学者のフレッド・ホイルが中心になって提唱した。しかし今では、138億年前にビッグバンが起きたことは確実とされている。宇宙マイクロ波背景放射は、ビッグバンという高温の初期宇宙の証拠である。宇宙で観測される水素、ヘリウム、リチウム、ベリリウムの量も、そのことを示している。しかし、138億年前に起きたビッグバンという出来事が、本当に宇宙の始まりなのだろうか？ 必ずしもそうではないのかもしれないし、そもそも私たちの宇宙が唯一の宇宙というわけではないのかもしれない。サイクリック宇宙論と総称されるいくつかの宇宙モデルでは、私たちの宇宙が今、経験している膨張は、無限に繰り返される膨張と収縮の連なりの中の1つである可能性が示唆されている。2010年、イギリスの数学者で物理学者のロジャー・ペンローズは、「共形サイクリック宇宙論」というモデルを提唱した。宇宙では膨張が無限に繰り返されるというこのモデルでは、膨張の最後にすべての物質が放射線に姿を変え、新たな「ビッグバン」が起こるという。ペンローズは、宇宙マイクロ波背景放射の画像に見られる同心円の連なりは、最新のビッグバンに先立つ前段階の宇宙の証拠ではないか、と問うている。一方、私たちの宇宙はたくさんの宇宙の中の1つであると考える多宇宙（マルチバース）論のほうに引かれる物理学者も多い。この多宇宙の研究から派生したのがM理論である。M理論では、複数の宇宙が別々の膜（ブレイン）として存在すると考える。ほとんどの場合、それぞれの宇宙は別の宇宙の存在に気づかないが、時として宇宙同士が衝突を起こすことがある。そして、もしそのような衝突が起きれば、何らかの証拠が残るはずだ。私たちが膨張と収縮の無限の連なりの中の最も新しいサイクルにいるのなら、過去に繰り返した膨張期は現在の膨張期と同じようなものだっただろうか。おそらく同じではなかっただろう。初期宇宙はランダムな事象に満ちているため、宇宙は発生するたびにまったく違ったものになるのだ。

もっと教えて

宇宙論における最も不可解な問題の1つは、「なぜ宇宙は、恒星や惑星や生き物、そして人類を生み出せるほど完璧に微調整されているのか」ということだ。私たちの宇宙が生まれる前に無限のサイクルがあるのなら（つまり多宇宙論が正しいのであれば）、この微調整の多くは偶然ということになる。

こんな情報も

379,000 年

宇宙マイクロ波背景放射が発生したときの宇宙のおよその年齢。

2.725 K

(-270.425℃、-454.765°F) 宇宙マイクロ波背景放射の等価温度。宇宙の膨張により、当初の3,000K (2,726.85℃、4,940.33°F) から時間とともに下がってこの温度になった。

関連項目

「もしも、並行宇宙があったら？」80ページ参照。

「もしも、あらゆるものが、ひもでてきていたら？」84ページ参照。

宇宙論

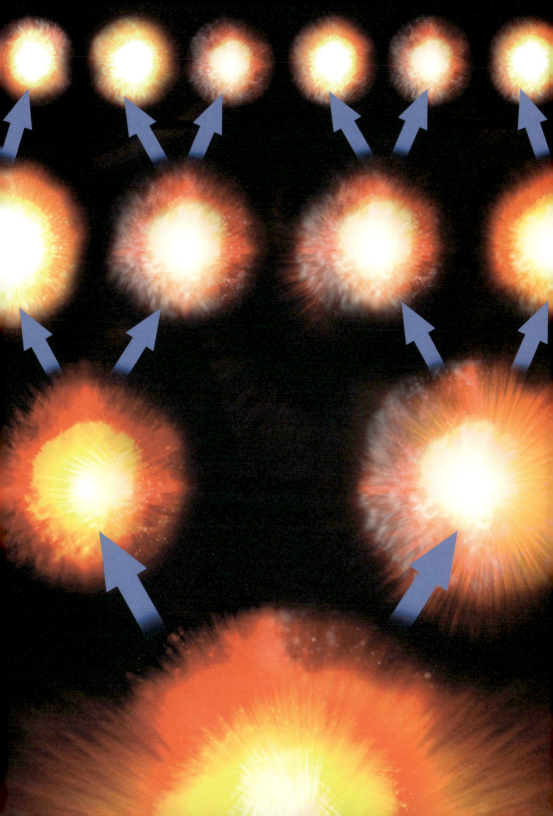

もしも、あらゆるものが、ひもでできていたら？

ブライアン・クレッグ

古代ギリシャ人が初めて原子論を思いついたとき、その考え方は、宇宙の万物の構造を一番基本の構成要素にまで単純化することだった。そして近代的な原子論が登場すると、物事は本当にごく単純に見えた。しかし時が経つにつれ、原子論に組み込まれる粒子の数は目立って増えてきた。物理学の基本的な力の担い手となる粒子を加えてまとめ上げられた現在の「標準模型」は、実に複雑な様相を呈している。けれども、またたった1つの「分割不可能な存在」が復活する可能性が表れた。ビッグバン理論のような宇宙論に代わる存在にすらなるかもしれない、その理論に必要なことは、ただ宇宙の根元を「ひも」と考えることである。それは文字通りのひもではないが、真に基本的な実体（「ひも」状のもの）がさまざまな様式で振動する結果として、1つ1つの粒子になるという考え方である。このひも理論には明らかに古代ギリシャ的なところがある。なぜなら、それは私たちを取り巻く宇宙の観察から生まれてきた推論ではなく、純粋な数学の産物として見つかった「あり得そうなこと」を現実世界に当てはめたものだからだ。おそらく、この理論にとっての最大の障害は、私たちになじみ深い4次元（空間3次元＋時間1次元）ではなく、10次元を必要とするところだろう。6つの余剰次元は、明らかに日常生活では経験できないものだ。この問題をうまく説明するために、あらゆる次元はきわめて密によじれ合っているため検出できない状態にある、と考えられている。ひも理論にはいくつかの異なるバージョンがあるが、それらをまとめてきたのがM理論だ。M理論では、さらに1つの空間的次元が追加されるとともに、「ブレーン」という基本単位が用いられている。ブレーンとは多次元の膜のようなもので、その最も単純な1次元型がひもである。M理論によると、3次元のブレーンが高次元の空間を漂っているのが私たちの宇宙の姿である。もしM理論が正しいとすれば、ビッグバンに代わるさまざまな説明ができることになる。例えば、私たちの知るこの宇宙は2つのブレーンの衝突から始まった、とも言えるのだ。

もっと教えて

何百人もの物理学者がひも理論を研究してきたが、この理論には間違いなく大きな欠点が1つある。それは、現実世界との対比によって検証可能な、中味のある予測をもたないことだ。一部の物理学者には、ひも理論は「理論ではなく、ただのあてずっぽうだ」とか「間違ってすらいない」とまで言われている。ドイツの物理学者マーチン・ボジョワルドは、ひも理論に代わるループ量子重力理論を支持する立場だが、予測を立てられないという性質をもつからこそ、ひも理論は万物の理論たり得るのだと指摘している。なぜかと言えば、予測の立たない理論ではあらゆることが起こり得るから（つまり、何でもありだから）だ。

こんな情報も

10^{80}個
宇宙にある陽子の数。ひも理論の方程式には、宇宙にあると考えられる陽子の数より多くの解があり得る。

9次元
ひも理論における空間の次元の数。

5種類
M理論に統合された、さまざまなひも理論の別バージョンの数。

関連項目

「もしも、万物の理論と大統一理論が見つかったら？」58ページ参照。

「もしも、空間と時間がループしたら？」86ページ参照。

宇宙論

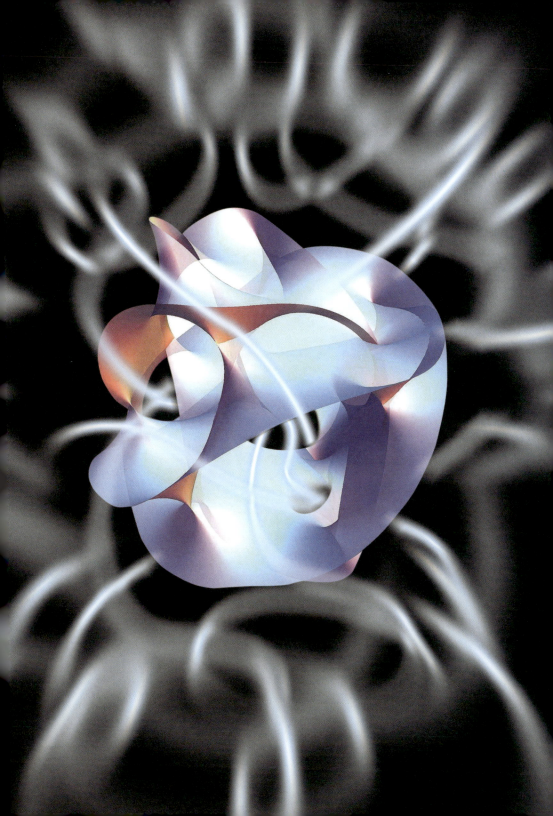

もしも、空間と時間がループしたら？

量子重力理論を構築するとなると、ひも理論が唯一最上の選択肢というわけではない。物理学に残された大問題の1つは、どのようにすれば一般相対性理論（重力を空間と時間の幾何学的特性として記述した）を、原子の世界の量子物理学と合体させられるかということだ。最近人気のアプローチはループ量子重力理論である。ループ量子重力理論では空間の端と端が点（ノード）で結ばれ、ちょうど飛行機のルートマップのようなネットワーク状の微細構造になっている。この構造はスピンネットワークと呼ばれている。ノードを連結する線は互いに巻きつき合ってループになったり、結び目（ブレイド）を作ったりすることができ、その屈曲のあり方が、さまざまな基本粒子に独自の特性を与えている。例えば、電子は歪んだプレッツェルのようなブレイドから作られるが、もしあなたがそれに反時計回りの3回ひねりを加えたら陽電子になる。この理論は最も軽量な粒子の場合はうまくいくが、現在までのところ、最も重い部類の粒子に当てはめるには問題が残されている。ループ量子重力理論の研究の始まりは1980年代半ば頃、インドの物理学者アブハイ・アシュテカーが一般相対性理論の再構築に取り組み、数学的な言語を素粒子物理学と量子物理学の記述の仕方に近づけたことだ。この理論による最も重要な成果の1つは、ブラックホールの正確なエントロピーや情報内容を予測し、ブラックホールが放つ放射の存在を指摘したことだ。これらはイスラエルの物理学者ヤコブ・ベッケンシュタインと、イギリスの理論物理学者スティーブン・ホーキングが1970年代から1980年代初頭に展開した主要理論に基づく業績である。ループ量子重力理論が重力の物理学を熱力学や情報の領域と統合するものであるなら、彼らの成果をその理論で再現できることがきわめて重要である。ブラックホールの記述にこの理論を応用することは興味深い。ループ量子重力理論を用いれば、ブラックホールは中心部に数学用語で使われる特異点（無限の密度をもつ点）をもつのではなく、別の時空の領域につながる入り口を開くことになるのだ。もしもループ量子重力理論をビッグバンに当てはめたら、永遠の宇宙というものが予測されるだろう。

ソフィー・ヘブデン

もっと教えて

アインシュタインの特殊相対性理論では、光速度は、運動とは無関係の普遍的定数とされている。しかし天文学者たちは、ガンマ線バースト（何十億光年も遠くて発生する大爆発）による放射のすべてが、必ずしも同時には到達しないことを発見した。高エネルギーの光子が遅れて届くのは、爆発時の発生の仕方による違いなのか、あるいは宇宙を旅する過程で蓄積された何らかの効果の結果なのかは、見分けることができるだろう。この後者のケースが、おそらくループ量子重力理論が予言する時空の微細構造のせいである。

こんな情報も

スピン― 泡理論

ループ量子重力理論の別バージョン。時空の量子幾何学を記述する。

10^{-35} m

ループ量子重力理論が予言する、空間の分割不可能な最小単位。

関連項目

「もしも、万物の理論と大統一理論が見つかったら？」58ページ参照。

「もしも、あらゆるものが、ひもてできていたら？」84ページ参照。

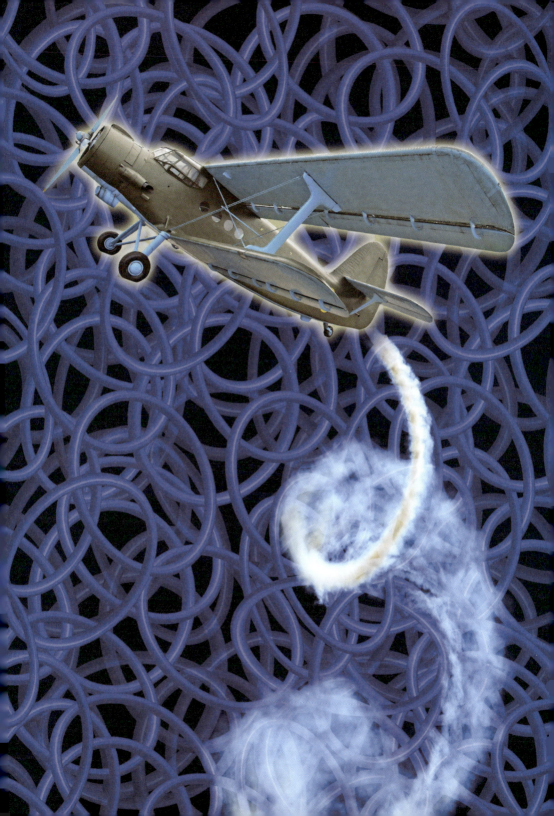

科学者たちは、こう解いた
もしも、天の川が宇宙のすべてでなかったら？

20世紀の初め頃、ほとんどの天文学者は、私たちのいる銀河系（天の川銀河）が唯一の恒星系であり、その中心に太陽が位置するものと考えていた。この見方をよく表したのが、いわゆるカプタインの宇宙モデルである。オランダの天文学者ヤコブス・カプタインは、円盤状の天の川に散らばる無数の恒星を単位面積ごとに仔細に観測し、このモデルに表したのだ。しかし1910年代になると、セファイド型変光星（時間とともに明るさが変わる、きわめて明るい星の一群）を研究していたアメリカの天文学者ハーロー・シャプレーが、それらの星の明るさと変光周期との間で発見された相関関係を応用して、別の視点を打ち出した。地球から見える球状の星の固まり（球状星団）の分布からすると、地球は天の川の中心ではなく、平べったい円盤型の星の分布の外寄りにあり、この円盤が全体として天の川中心の周りを回っていることを示したのだ。しかし数年後には、やはりアメリカの天文学者ヒーバー・カーチスが、アンドロメダ星雲内に見える新星の数は天の川銀河で見られる数より多いことに気づき、アンドロメダ星雲が天の川銀河の中にあるとは考えにくいことを主張した。

1920年4月26日、この2人の天文学者がアメリカのワシントンD.C.にあるスミソニアン博物館（国立自然史博物館）で公開討論を行い、天の川銀河と宇宙の性質について、まったく異なる見解を論じ合った。「大論争」として有名になったこの出来事には、3つの論点があった。天の川における太陽の位置、天の川の大きさ、そして「渦巻星雲」は天の川銀河の一部なのかどうか、である。

シャプレーは、私たちの天の川銀河こそ宇宙の全体であると主張した。一方、カーチスは、アンドロメダなどの星雲が、私たちの銀河系と同様の「島宇宙」であると考えていた（島宇宙とは、現代の私たちが銀河と呼ぶものを表すために、ドイツの哲学者イマヌエル・カントが初めて使った言葉である）。論争に決着がついたのは1923年。アメリカの天文学者エドウィン・ハッブルが、カリフォルニア州ロスアンゼルス近郊のウィルソン山天文台にある254cm（100インチ）の望遠鏡で行った観測が決め手になった。

ハッブルはアンドロメダ星雲を観察するうちに、その中にたくさんの新星を見つけた。しかし、定期的な観察を続けてきたハッブルは、それらの1つが新星などではなく、セファイド型変光星であることに気づく。セファイド型変光星は、本来の明るさと相関する一定周期で明るさが変わることが証明されていたため、そうした星を利用すれば星間距離が計算できるかもしれない——そう考えたハッブルは、アンドロメダ星雲内のセファイド型変光星を利用して、この星雲は天の川銀河の一部と考えるには遠くにありすぎることを明らかにした。アンドロメダ星雲は実はそれ自体が1つの銀河である、とハッブルが発表すると、同じようないくつもの渦巻星雲も、私たちの銀河系の外にある別の銀河と考えるほうが自然なことに思われた。

　渦巻星雲が渦巻型銀河としての性質をもつことを発見したハッブルは、次にそのスペクトル（それらが発する光の周波数の連なり）を測定し、ほぼすべてのスペクトルが赤色のほうにずれていること（赤方偏移）に気がついた。これは光を発した星雲が私たちの銀河系から遠ざかっていることの証拠である。さらに、それらの星の退行速度が銀河系からの距離に比例することまで見出した。ハッブルがこの発見を公表したのは1929年のこと。彼は宇宙の膨張を発見したのだった。膨張しているのであれば当然ながら、宇宙はかつて今より小さかったことになる。すると宇宙には有限の「始まり」があったはずだ。それがビッグバンである。

宇宙論

もしも、宇宙が無限大だったら？

宇宙の大きさはどのくらいだろう？ 簡単に言えば、私たちにはわからない。確かな証拠があるのは、宇宙は138億年前に超高温で高密度の状態から始まり、それ以来、膨張を続けているということだ。私たちは銀河に目をやれば、130億年ほど前の時代、つまり宇宙の年齢が10億年に満たない頃の姿を見ることができる。観測できる最も古い放射波は、ビッグバンの名残りとも言われる宇宙マイクロ波背景放射である。このマイクロ波が放射されたのは、ビッグバンから約40万年後。宇宙の温度が十分に下がり、水素がイオン化せずに中性水素ができるようになった結果として、周辺にある光子が自由に運動できるようになった時期である。もし宇宙の年齢が138億年なら、私たちに見えるのは138億年の旅をしてきた光までだ。けれども宇宙は膨張しているため、「観測可能な宇宙」のサイズはもっと大きく、274億光年を超えている。宇宙は宇宙マイクロ波背景放射が届く球体よりはるかに（おそらく何千倍も）大きいのかもしれない。無限大という可能性もあるが、138億年の間に光が移動した距離しか見ることができない私たちには、わからない。アインシュタインの一般相対性理論で重力と幾何学とが結びつけられたため、宇宙学者も宇宙の幾何学を取り扱うようになった。「平坦な宇宙」という言葉があるが、これは臨界密度と言われる状態にある宇宙のことで、臨界密度とは物質が再度崩壊に向かうのを阻止できる十分に低い密度のことである。現在までに計測された宇宙のあらゆる幾何学特性からすると、宇宙は実際に平坦であることが示唆されている。ただし、私たちは宇宙のあまりに小さな部分だけを見ているため、ほんのわずかな範囲を測っているにすぎないのかもしれない。地球の表面が丸いことは誰でも知っているが、もしあなたが、例えば自宅の裏庭で地表の丸さを測ろうとしても、そんなに狭い範囲では曲がり具合などまったく検出できないだろう。私たちが宇宙の幾何学を測ると言っても、これと同じことなのかもしれない。

ロードリ・エヴァンス

もっと教えて

無限大の宇宙には無限の可能性があるだろう。例えば、どこか別の場所に私たちの地球にそっくりの「コピー」がある可能性はゼロではない（そうなれば、そこにはあなたや私のコピーもいる）。もし宇宙が無限大なら、そこにどれだけの物質があろうとも物質は無限の空間を占め、膨張は永遠に続くだろう。そして、その密度はゼロに近づいていく。

こんな情報も

930億光年
観測可能な宇宙の端から端までの距離。最初期の光が私たちのところにたどり着くまでの間に、宇宙は膨張して、この大きさになった。

10^{78}倍
宇宙が生まれてほんの一瞬の間の膨張期に、宇宙の体積が増えたと考えられる倍率。

関連項目

「もしも、アインシュタインが間違っていたら？」78ページ参照。

「もしも、並行宇宙があったら？」80ページ参照。

もしも、反物質がどこにでもあったら？

ブライアン・クレッグ

反物質と言うと、SFの世界のことのように聞こえるかもしれない。けれども、それは現実の物理現象だ。反物質はほとんど通常の物質と同じだが、ただ1つ違うところがある。それは反物質粒子が物質粒子と反対の電荷をもつことだ。最初に存在が予言された反物質粒子は、電子に似ているが正の電荷をもつ陽電子（つまり反電子）だった。中性子のように電荷のない粒子にも、相当する反物質はある。反中性子は電荷を帯びていないが、反中性子を構成するクォークは、普通の中性子を構成するクォークとは反対の電荷をもつ。中性子が正に荷電したアップクォーク1個と、負に荷電したダウンクォーク2個でできているのに対し、反中性子は負に荷電した反アップクォーク1個と、正に荷電した反ダウンクォーク2個からなる。対応する物質と反物質は対消滅を起こすため、私たちが反物質を単独で見ることはまずない。対消滅では、両方の粒子の質量がかなりの量のエネルギーに変わるが、その量を決めるのが $E = mc^2$ の式である。この「c」はきわめて大きな数字の光速度だ。アメリカのテレビ番組『スター・トレック』のエンタープライズ号は、何らかの反物質反応を動力源にしている。そのメカニズムは架空のものだが、物質/反物質反応は最も濃縮された形のエネルギーを生む、という考え方は筋が通っている。ビッグバン理論によると、宇宙はエネルギーの火の玉として始まった。それが膨張して冷えてくるにつれ、このエネルギーは等量の物質と反物質に転換したのだ。私たちが目にする宇宙は、ほとんどすべてが通常の物質で構成されているが、なぜそうなのだろう。現在最も支持されている考え方によると、反粒子より粒子のほうがわずかに多くなるような条件がいくつか揃ったために、予想されるような粒子と反粒子の対称性がわずかに破れたのだろう。対消滅した残りが、今日私たちが目にする物質なのだ。これとは別に、私たちに見ることのできる宇宙の外側に、反物質からなる巨大な領域があるかもしれない、という考え方もある。

もっと教えて

私たちは反物質を作ることはできるが、ごくわずかな量に限られる。もしも自然発生する性質のある反物質を手に入れられるなら、それは莫大なエネルギーを生むだろう。ただし、その貯蔵はきわめて困難だ。陽電子や反陽子のように電荷を帯びた反物質粒子は、何らかの電磁トラップに入れておけば物質を遠ざけておくことができるが、中性の粒子や完全な反原子にこの方法は使えない。粒子のスピンによって発生するわずかな磁場を利用すれば、操作できる可能性も少しだがある。

こんな情報も

1,000,000g

現在、世界中で1年間に作られる典型的な反物質の量。

10年

1kg（2.2ポンド）の物質と反物質の反応で発生するエネルギーを、通常の発電所で発生させるために必要な時間。

関連項目

「もしも、反物質に反重力が働くとしたら？」62ページ参照。

「もしも、空っぽの空間が満たされていたら？」106ページ参照。

天体物

天体物理学

はじめに
天体物理学

宇宙論は宇宙の起源や性質を明らかにする学問である。一方、天体物理学は恒星をはじめとする宇宙の「住人」たちの営みを探求している。

　古くから科学者たちは、太陽がずっと照り続けているのはなぜなのか、という謎に取り組んできた。最初は素朴に考えて、星に火がついているのだと想像していた。あのように熱と光を出すものは火のほかになかったからだ。しかし問題があった。長時間燃え続けるものと言えば石炭しかなかった時代のこと、太陽が石炭でできているものとして計算すると、その火は数百万年しかもたないことになったのだが、19世紀になるまでには、地球はそれよりずっと前からあった（ということは、地球を作り出した太陽もあった）ことが証明済みだったのだ。

　初期の地質学の研究では、地球の年齢は10億年ほどと推定されていた（この数字はだんだん大きくなり、今では45億年とされる）。それほど長い期間、燃え続けるものなど考えられなかったが、やがて原子核反応が発見されると、ようやく太陽のエネルギー源になりそうなものがもう1つ見つかった。核融合である。化学結合を分解しながら燃焼するのではなく、水素の原子核が融合してヘリウム（水素の次に重い元素）になり、その過程でエネルギーが放出されることがわかってきた。

　元素には種類ごとに異なる周波数の光を吸収する性質があり、恒星が発する光のスペクトルを調べると、いくつもの黒い線が現れる。これを光の「指紋」のように考えれば、水

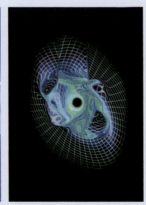

素やヘリウムをはじめとするさまざまな元素の存在を特定することができるのだ。

　天体物理学はアインシュタインの一般相対性理論によって大きく飛躍した。私たちは、この理論で初めて重力のことが説明できるようになり、星を構成する粒子に作用する別の力との相互作用がわかるようになった。恒星が突如として、銀河全体より明るい光を放出しながら大爆発する超新星爆発という現象がある。一般相対性理論では、この爆発の後に途方もなく密度の高い中性子星という星が生まれることが予測された。また、恒星が最終崩壊する際に、その星のあらゆる構成要素が時空の中の1点にまで収縮するという現象も、この理論から導き出されたことだ。光すらもそこから逃れられなくなるという、その異様な天体は、1960年代に「ブラックホール」と命名された。

　宇宙では今もなお、新たな驚きが尽きることはない。パルサーという天体が発見されたのは、その星が短い周期で信号を発し続けているからだ。きわめて明るいクエーサーという天体は、今のところ誕生間もない銀河であろうと考えられている。天体物理学者にとって、宇宙とは風変わりな動物園のような場所だ。その住人たちは、いつまでも私たちを魅了してやまないだろう。

天体物理学

もしも、月に潮汐がなかったら？

ロードリ・エヴァンス

潮汐という現象を初めて正しく説明したのは、イギリスの物理学者アイザック・ニュートンだ。地球では月の重力の影響で表と裏に膨らみが発生するため、毎日2回ずつ満潮と干潮が起きる。このことをニュートンは、自ら発見した万有引力の法則に基づいて説明したのだ。実は天体物理学の領域では、「潮汐」という言葉を、単なる潮の干満より少し広い意味で使っている。それは、膨張した天体のさまざまな場所で生じる重力の違いのことだ。月に面している側の地球表面では、地球の中心部とは異なる重力が生じており、それは月と反対側の地表で発生する重力とも違っている。そしてニュートンには、「あらゆる作用には、大きさが等しく向きが反対の作用が働く」と述べた。まさにこの法則の通り、月が地球に潮汐力を及ぼすのと同じように、地球も月に潮汐力を及ぼしている。地球からの潮汐力が月に及ぼす影響の1つは、月の自転周期が公転周期と同じ長さに固定されていることだ。つまり、月は地球の周りを27.3日で一周するが、同じ27.3日をかけて自転軸の周りを一回りする。このため、私たちはいつも月の同じ面しか見ることができないのだ。また、もし誰かが月の表面の1点に立って、空に浮かんだ地球を見るとすると、その人にとっての地球は常に地平線から同じ高さにあるだろう。一方、月がもたらす潮汐力は、地球上の水や地面を1日2回ずつ上下させるが、当然ながら液体である水のほうが大きく変形する。満潮と干潮の間に海面の高さが変わることは誰でもよく知っているだろう。この潮の干満によって海水の流れも変わるため、その運動を発電に利用することができる。規則正しく、毎日確実に利用できる再生可能エネルギーだ。このエネルギーを応用する発電プロジェクトが数多く進められている。

もっと教えて

月からの潮汐力を受けて、地球の自転は徐々に遅くなっている。その証拠に、樹木の年輪を見ると、昔は1年の日数がもっと多かったことがわかる。つまり1日が今より短かったのだ。角運動量保存の法則により、地球の自転が遅くなるにつれ、月は地球から徐々に遠ざかっている。その距離は1年で3cm（1.2インチ）ほどだ。月面にはNASAのアポロ計画で設置された反射鏡があるため、この鏡に向けて地球からレーザー光を発射して反射を調べれば、月までの距離の変化を確かめることができる。

こんな情報も

9億ワット
イギリス南部のセヴァーン川河口に長さ15km（9マイル）にわたる堰を建設し、潮の干満を発電に利用したとして、予想される発電量。イギリスの全エネルギー需要の5％以上をまかなえる。

50日
水星の1日に相当する地球の日数。太陽が水星に及ぼす潮汐力により、水星の自転は固定されている。水星は太陽の周りを2回公転することに3回自転する。

関連項目
「もしも、重力が力でなかったら？」48ページ参照。

「もしも、ブラックホールに毛があったら？」110ページ参照。

もしも、スプーン1杯で重さ1億トンの物質があったら？

ロードリ・エヴァンス

1つの都市ほどの大きさしかないのに、太陽と同じ質量をもつ物体は何？ 答えは中性子星。原子内部の空洞がすべて押しつぶされている驚くべき天体だ。原子の内側は、本来は空洞だらけである。大きな空洞の真ん中に、ぽつんとあるのが原子核だ（原子の重さのほとんどは、この小さな原子核に集中している）。例えば、原子核が米粒ほどだとすると、原子の大きさはサッカーのスタジアムくらいになり、原子の体積のほとんどがただの空間であることがわかる。その空間部分が押しつぶされてしまったのが中性子星である。1930年代の初め頃、インド生まれの理論天体物理学者スブラマニアン・チャンドラセカールは、白色矮星と呼ばれる星の残骸が太陽の1.4倍以上の質量であれば、重力の作用によって原子の空間が完全に押しつぶされ、星が崩壊してしまうことを計算で示した。このとき原子がもつ電子は原子核に押しつけられるため、陽子と結合して中性子に変わり、純粋に中性子だけが隙間なく密着し合った球体になる（この過程は逆ベータ崩壊と呼ばれている）。この崩壊によって生まれる天体を、私たちは中性子星と呼んでいる。私たちの太陽は中性子星として寿命を終えるほどの質量をもたないが、初期の質量が太陽の3倍ほどの恒星であれば、その残骸はあまりに重いため、白色矮星としての姿を保つことができない。そうした星が崩壊したときに中性子星になるのだ。私たちの知る限り、最も高密度の実体をもつ天体が中性子星である。中性子星より密度が高いことがわかっているのは、ブラックホールだけだ。地球上で体重75kg（165ポンド）の男性が中性子星の表面に立ったなら、その体重は100億トンを超えると言われている（110億トン）！

もっと教えて

白色矮星が崩壊して中性子星になるときには、おそらく自然界で最も捉えにくい素粒子であるニュートリノが無数に放たれる。しかし、放出されたニュートリノは地球に届いても、ほとんどがたやすくすり抜けて行ってしまう。宇宙から届くニュートリノの束を検出することができれば、白色矮星が崩壊して中性子星になる現象の最初の目印になるだろう。白色矮星には近くの星から引き寄せられた物質が降り積もることがあり、それらをはじき飛ばすようにして超新星爆発が起きる。周期表で炭素以降に並ぶ元素が生まれるのは、この超新星爆発のときだ。

こんな情報も

1054年

私たちが現在「かに星雲」と呼んでいる星雲の中央部で中性子星が生まれた年。このときの超新星爆発は約1カ月にわたって日中も見えていた。星が崩壊して中性子星になるとき、短い間だが周りの銀河より明るくなる。

400億:1

中性子星の密度と鉛の密度の比。

関連項目

「もしも、1秒間に600回転する星があったら？」102ページ参照。

「もしも、恒星と超新星で元素ができるとしたら？」104ページ参照。

もしも、1秒間に600回転する星があったら？

ロードリ・エヴァンス

1967年11月、イギリスの大学院で学んでいたジョセリン・ベルは、ある電波信号の記録紙に「LGM」と書き込んだ。LGMとは「little green men（緑の小人）」の略である*5。しばらくの間、LGMは、ベルと指導教官（イギリスの電波天文学者アントニー・ヒューイッシュ）が発見した電波信号にぴったりの言葉のように思われた。この2人は、宇宙から正確に1.33秒間隔で届くラジオ波のパルスを捉えたのだ。そのあまりの規則正しさに、最初のうちは、地球外文明からの信号とでも考えなければ説明がつかないと思われた。しかし間もなく、まったく別方向の空からも新たに規則正しい信号が見つかり、「LGM」説には無理があることがわかってきた。実はベルとヒューイッシュが発見した信号は、高速回転する中性子星が発する電波だった。そのような天体を表すために「パルサー」という用語が作られ、それにふさわしい理論の研究が急ピッチで進められた。中性子星は強い磁場を帯びており、この磁場のせいで星の表面から電子がはじき飛ばされる。磁極を飛び出す電子は超高速に加速されているため、この電子がラジオ波を放出するのだ。それが周期的なパルスになるのは中性子星の自転のせいである。中性子星の回転に伴って、ラジオ波のビームが私たちの視線の方向に回ってきたときだけ観測できるのだ。それはちょうど灯台の光の見え方に似ている。1968年には、かに星雲の中心でパルサーが発見され、1054年に爆発した超新星の名残りであることが解明された。かに星雲のパルサーは周期が33ミリ秒しかないことから、この中性子星は1秒間に30回以上回転していることになる。さらに1982年には、わずか1.6ミリ秒周期のパルサーが見つかった。つまり、この星は1秒間に625回も回っているということだ。

もっと教えて

きわめて正確な短い周期をもつパルサーを時間の計測に応用すれば、地球上で最も正確な原子時計に対抗できるかもしれない。また、連星系のパルサーが減速する現象が観測されており、その観測値を使えば、一般相対性理論が予言した重力波の存在を間接的に検証できるかもしれない。1994年に初めて発見された太陽系外惑星は、あるパルサーの周りを回っていることが判明した。このパルサーの周期には規則的な変動があることから、未知の天体が周回していることの証拠だろうと以前から考えられていた。

こんな情報も

10 km
（10kmは約6.2マイル）

典型的な中性子星の半径。この大きさで私たちの太陽を上回る質量がある。

1300億倍

半径10km（6.2マイル）で太陽の1.5倍の質量をもつ中性子星の表面上での重力の大きさ。地球表面での重力との比較。

関連項目

「もしも、重力が力でなかったら？」48ページ参照。

「もしも、スプーン1杯で重さ1億トンの物質があったら？」100ページ参照。

科学者たちは、こう解いた
もしも、恒星と超新星で元素ができるとしたら？

イギリスの天体物理学者アーサー・エディントンは1920年代に、恒星が自らの中心核で水素をヘリウムに転換させてエネルギーを得ていることを突き止めた。実際に恒星と宇宙全般は、ほとんどすべてが水素（約74％）とヘリウム（約24％）でできていて、その他の元素は2％に満たない。一方、地球の地殻は約46％が酸素、28％がケイ素、8％がアルミニウム、5％が鉄であり、人体は約65％が酸素、18％が炭素、3％が水素である[*6]。明らかに、恒星と宇宙の組成は地球や人体とは違っている。恒星や宇宙にない元素は、いったいどこから来たのだろう？　そして、一番最初の水素とヘリウムは、どうやってできたのだろう？

　初期宇宙は現在の宇宙よりずっと小さく、密度と温度が高かった。1940年代に科学者たちにこのことを知らしめたのは、ロシア生まれのアメリカ人、ジョージ・ガモフの「ビッグバン原子核合成」と呼ばれる研究成果だった。初期宇宙で最初に生まれた元素は、最も単純な水素だ。そして、宇宙が生まれて3分経つまでに、十分な高温と高密度の環境下で水素の原子核が4個集まってヘリウム原子核ができた。しかし時間の経過とともに宇宙は膨張し、温度と密度が下がり始めたため、最初の3分が過ぎたところでこの原子核合成は止まり、現在の水素とヘリウムの比率になった。つまり、現在観測される水素とヘリウムの量はビッグバン原子核合成で説明がつくのだ。それでは、それより重い元素はどこから来たのだろう？

　1950年代になると、イギリスの天文学者フレッド・ホイル、アルフレッド・フォウラー、マーガレット・バービッジ、ジェフリー・バービッジ夫妻が、重い元素は恒星内部と超新星爆発で作られたことを明らかにした。「恒星内元素合成」と呼ばれるプロセスである。銀河系の太陽のように比較的軽い恒星は、中心核で水素からヘリウムを合成しており、星の寿命の90％ほどの期間はこの合成を続けると考えられている。やがて中心核のすべての水素を消費すると、星は中心核を取り巻く外殻部の水素を燃やすようになり、膨張して赤色巨星になる。中心核の温度が十分に上がると、ヘリウムを燃やして炭素が合成される。太

陽ほどの質量の恒星では中心核の温度と圧力がそれ以上は高くならないため、合成反応はここで終わる。このような比較的軽い恒星は、最期に自らの外殻を吹き飛ばして惑星状星雲になり、やがて炭素からなる球体が残る。これが白色矮星と呼ばれる天体である。

　一方、もっと重い（太陽の約5倍以上の質量がある）恒星は中心核の温度と圧力がさらに高くなり、炭素が燃えて酸素に、酸素が燃えてケイ素にと、鉄までのすべての元素の合成反応が続く。しかし鉄は原子核がきわめて固く結合しているため、燃えてもエネルギーを放出することはなく、元素合成のプロセスは鉄で終了する。かまどのような原子核合成が突然停止すると、鉄でできた新しい中心核に向けて外殻が沈み込み、その反動で星が引き裂かれるようにして、いわゆる超新星爆発（大質量の恒星の爆発）が起きる。この超新星爆発のときに鉄より重い元素が合成され、ウランができるまで反応が続くのだ。つまり、主に酸素と炭素でできている私たちの身体は、まさに星屑のようなものなのだ。私たちが今ここにいるのは、星のおかげである。

天体物理学

もしも、空っぽの空間が満たされていたら？

フランク・クロース

「無」を作り出すことに成功した人はいない。地球の大気圏の上にある真空の宇宙には、実は私たちになじみのあるものや奇怪なものなど、さまざまなものがひしめいている。何百年も昔の人々は、空気やガスをすべて取り除いて真空状態にすると、本当に空っぽの空間が残ると信じていた。けれども真空とは奇妙なものだ。私たちは太陽を見ることができるが、その音は聞こえない。音波が伝わるには何らかの媒質が必要なため、空気がないと太陽の荒々しさは私たちの耳に届かないのだ（ただそれは、かえって幸いなことだった。太陽の振動が伝われば、おそらく地球上のあらゆる固形物は破壊されてしまうだろう）。私たちに太陽が見えるのは、光（電磁波）が宇宙を越えてやってくるおかげである。しかし、光は波でできている。とすると、その波の媒質は何だろう？　波を作るには間違いなく媒質が必要ではないだろうか？　このことから19世紀後半の人々は、宇宙には何らかの存在が満ちていると考え、それを「エーテル」と呼んだ。残念ながらこの概念は、ほかの事実と調和しなかった。例えば、宇宙空間にエーテルがあるとすれば、惑星の運動になにがしかの抵抗があるはずだが、そうした現象は一切見られないのだ。そして、アインシュタインの特殊相対性理論によってエーテルは姿を消し、現代の私たちは、宇宙と言えば電場と磁場でいっぱいの場所を思い浮かべる。その空間に重力場が加わると歪みすら見られる。その場所は空っぽなどではないはずだ。量子論でも、宇宙とは物質と反物質というはかない「仮想」粒子が絶えず生まれては消える騒々しい場所であることが示されている。「空っぽ」の宇宙を微細なレベルまで調べれば調べるほど、量子が激しく泡立つ様子が見えてくるだろう。このような考え方をすれば、基本的な力の中に、粒子間のごく短い距離だけで働く力があることがわかってくるし、状況さえ整えれば、真空状態からこれらの仮想粒子をはじき出させて研究できることなど、さまざまな現象も説明できる。さらにヒッグス粒子の発見により、宇宙にはまた別の場が満ちていることも示唆された。電子などの基本粒子に質量を与えるヒッグス場である。私たちは結局のところ、エーテルのような何かに漬かっているのだ。ただしそれは、相対性理論という制約条件を満たすエーテルである。

もっと教えて

宇宙には重力場が満ちている。ということは、そこには重力波もあるはずだ。現在までのところ何の証拠も見つかっていないが、それはおそらく、必要とされる実験がきわめて難しいからだろう。ヒッグス場も存在することはわかっているが、それがどのようにして形成されるのか、どのような構造なのか、そしてそこには新たな仮想粒子もあるのかは、まだ解明されていない。宇宙にはダークエネルギーも満ちているが、それがどのようなものでできているのかは何もわかっていない。

こんな情報も

1643年
イタリアの物理学者エヴァンジェリスタ・トリチェリが真空状態を作った年。

ラムシフト
水素原子がもつ電子の動きに仮想粒子が影響を及ぼすことで生じる、水素のスペクトルのかすかな変化。

関連項目
「もしも、ヒッグス粒子が存在しなかったら？」66ページ参照。
「もしも、反物質がどこにでもあったら？」92ページ参照。

天体物理学

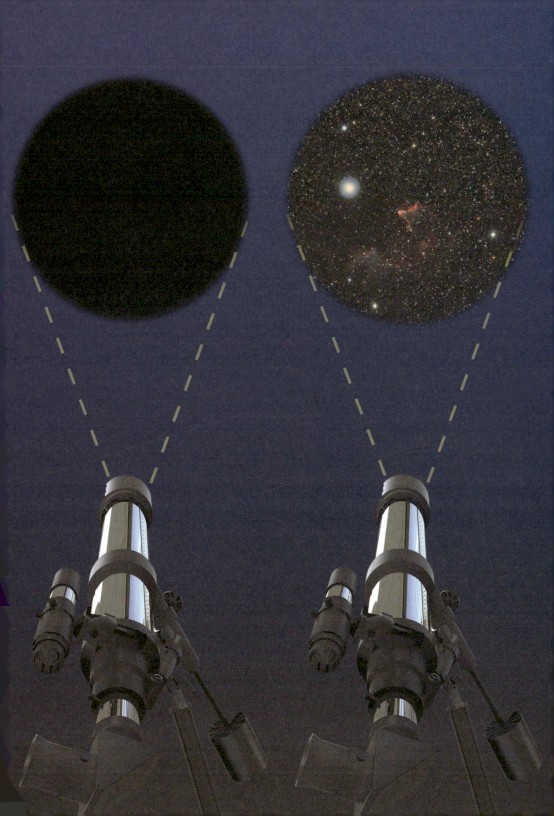

もしも、ブラックホールに入っていったら？

ロードリ・エヴァンス

ブラックホールは宇宙で一番神秘的な天体である。私たちはそれをアインシュタインの一般相対性理論と結びつけがちだが、ブラックホールの存在を最初に言い出したのは、イギリスの地質学者ジョン・ミッチェルで、1783年のことだった。とはいえ、ブラックホールのきわめて不思議な性質がいくらかでも正しく理解されるようになったのは、やはりアインシュタインのおかげである。ブラックホールは単なる理論上の概念ではない。その存在を示す有力な証拠は、1970年代の初め頃、きわめて強力なX線を発する「はくちょう座X-1」という天体が、はくちょう座の中で観測されたことで初めて明るみに出た。ブラックホールに落ち込んだ物質は何百万度という高温に熱せられ、X線を放つのだ。手短かに言えば、ブラックホールとは、きわめて密度が高いために光さえもそこから逃れることができない天体である。現在の私たちの理解では、ブラックホールの中心部は密度が無限大である。しかしこれは単に、その場で見られる極端な現象を、私たちの現在の理論では十分に説明できないということだ。もしも私たちが宇宙船に乗ってブラックホールの近くまで行ったなら、その重力から逃れるためにどんどん速度を上げなければならず、ついには、ある地点で光速度に等しくなるだろう。そこはブラックホールの「事象の地平線」と呼ばれる場所で、そこを越えると二度と戻れなくなるのだ。一般相対性理論で説明された時間に対する効果によって、ブラックホールの事象の地平線では時間が止まっているように見える。もし、遠くからこの宇宙船を眺めたら、事象の地平線で凍りついたように止まった姿が見えるだろう。宇宙船のあわれな乗組員たちは、ブラックホールの強力な重力場による潮汐力を受けてばらばらになってしまうと考えられる。1980年代の初頭以来、私たちは天の川銀河の中心部に超大質量のブラックホールがあることを知っている。その質量は太陽の数百万倍だ。そして、ハッブル宇宙望遠鏡は、あらゆる銀河の中心部に超大質量のブラックホールがあることを明らかにした。銀河の中心にあるブラックホールの質量と、恒星が銀河全体の中で動く速度の間には強い相関関係があるようだ。このことから、ブラックホールは銀河の形成において、きわめて重要な役割を担っていると考えられる。

もっと教えて

現在の理論では、ブラックホールの中心部（特異点と呼ばれている）の密度は無限大であることが予測されている。これは、重力に関する現在最良の理論（一般相対性理論）が不完全であるということだと私たちは理解している。重力の量子論が解明されれば、こうした奇妙な無限大というものは計算結果からなくなることだろう。ブラックホールはワームホール（宇宙の別の場所につながるトンネル）を形成する可能性がある。理論的には、あなたがブラックホールに入っていくと、宇宙のどこか別の場所にポンと飛び出るということもあり得るのだ。しかし現実には、あなたはブラックホールの強い重力場によって、ばらばらになってしまうだろう。

こんな情報も

20 mm

地球がつぶれてブラックホールになったとしたときの直径。理論上はどのような物体でもブラックホールになることができる。唯一の必要条件は密度が十分に高いことだ。（20mmは0.8インチ）

400万倍

天の川銀河の中心にある超大質量のブラックホールの重さが太陽の何倍あると考えられるか。

関連項目

「もしも、長さの最小単位というものがあったら？」32ページ参照。

「もしも、ブラックホールに毛があったら？」110ページ参照。

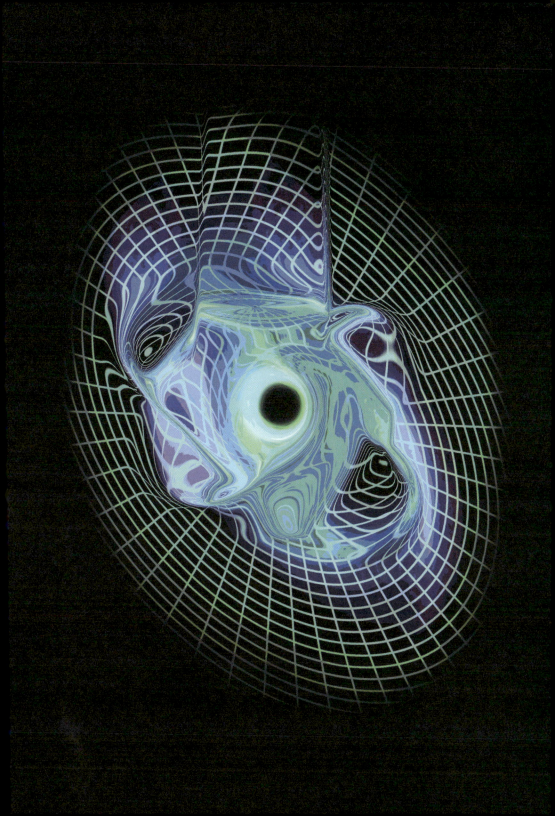

もしも、ブラックホールに毛があったら？

ブライアン・クレッグ

ブラックホールは宇宙で最も奇妙な現象である。そして、その奇想天外なイメージを（どちらかと言えば）増幅させているのは、「ブラックホールには毛がない」という「脱毛定理」の存在だ。ここで天体の髪型のことを話題にする前に、まずあらゆるものがブラックホール行きになる地点で何が起きるのかを、よく理解しておこう。ブラックホールそのものは空間的次元をもたない1個の点であるが、外から見たときのブラックホールの「大きさ」は、事象の地平線という球面によって決まる。事象の地平線とは、何ものも（光さえも）逃れることができなくなる、ブラックホールからの距離のことで、帰還不能点とも言われる。もしあなたがブラックホールに入っていったら、おそらくあなたは事象の地平線を越えたことに気づく間もなく、命を終えてしまうだろう。なぜなら、崩壊してブラックホールになったその星に近づけば近づくほど、重力がきわめて急勾配で増加するからだ。重力の増加があまりに急激なため、実際に、もしあなたが足から入っていくとしたら、あなたの足を引っ張る力は頭のほうを引っ張る力よりはるかに大きいことだろう。この重力の差を潮汐効果といい、あなたはこの効果を受けて引き伸ばされ、細長い筒のようになってしまうのだ。宇宙学者たちは（珍しくユーモアを発揮して）、この現象に「スパゲッティ化現象」という専門用語をつけている。ここで相対性理論も登場する。一般相対性理論の予測では、あなたが事象の地平線に近づけば近づくほど、外部にいる観察者から見たあなたの時間は遅くなり、ちょうど事象の地平線のところでぴたりと止まってしまうことになる（ただし、あなた自身は止まっていることに気がつかない）。この地平線を越えたブラックホールの中からは一切何も出てこないため、私たちがブラックホールについて知り得ることと言えば、その質量と角運動量と電荷だけなのだ。この状態を言い表したのが、ブラックホールに「毛がない」という概念である。しかし、スティーブン・ホーキングは、ブラックホールの中には絶えず粒子を放出するものもあることを予言した。いわゆるホーキング輻射である。

もっと教えて

新しいブラックホールでは、近くにある粒子が加速しながら穴に落ちていく結果として、間接的に多大な放射エネルギーが発生する可能性が高い。しかし、ホーキング輻射とは一種の量子効果のことである。量子論によると、空っぽの宇宙では物質と反物質の粒子が対になって、絶えず生まれては消えていくことが予測される。こうしたことが事象の地平線で起きたなら、一方の粒子はブラックホールに吸い込まれるが、他方の粒子は飛び出していく場合もあるだろう。そうした、ブラックホールに量子の「毛」がはえることもあるのかもしれない。

こんな情報も

3 太陽質量

白色矮星が崩壊して、中性子星ではなくブラックホールを形成するようになるおよその質量。

9 km

3太陽質量の恒星からできるブラックホールの事象の地平線のおよその半径。事象の地平線の半径をシュヴァルツシルト半径とも言う。（9kmは5.6マイル）

関連項目

「もしも、重力が力でなかったら？」48ページ参照。

「もしも、ブラックホールに入っていったら？」108ページ参照。

もしも、ダークマターがなかったら？

重力に関するアインシュタインの一般相対性理論は、太陽系のスケールでは十二分に検証されており、その範囲では観測結果と厳密に一致することも明らかにされている。しかし、スケールが大きくなればなるほど問題が出てくる。例えば、銀河が回転する様子に基づくと、銀河のスケールで見た宇宙には私たちの観測よりも多くの物質があると考えられる。銀河団のスケールになると問題はさらに深刻で、ダークマターの存在をほのめかすために使われる、いくつかの論拠が見られるようになる。ダークマターの探索はますます盛んになり、この謎に満ちた物体の成分を担うと思われる、捉えにくいWIMPs（弱い相互作用をする重い粒子）を検出しようとする試みが始まっている。しかし、もう1つの可能性として、本当はダークマターなど存在しないということはないだろうか？ ダークマターの証拠とされるものはすべて重力に関するものであり、私たちが望遠鏡で見ることのできる物質の量と、アインシュタインの一般相対性理論が正しいものとして推定される物質の量との違いが根拠になっている。けれども、単にスケールが大きくなると、アインシュタインの一般相対性理論が正しくなくなるという可能性はないだろうか？ 距離が長くなると、彼の式に何らかの修正が必要になるということではないだろうか？ 実際にその可能性があるようだ。代わりの理論として、修正ニュートン力学（MOND理論）を用いれば、ダークマターの必要性がいくらか少なくなるのだ。MOND理論では、重力がきわめて弱い場合（地球の表面での重力の1億分の1くらいの場合）には、重力の強さに修正を加えることを提案している。この修正を行えば、多くの観測（それでもすべてではないが）はダークマターではなくMONDを使って説明することができる。実際にいくつかの問題は、ダークマターを持ち出すよりMONDを使うほうがうまく説明がつくが、やはりMONDを使ってもダークマターが必要になる場合もあるようだ。両方とも必要ということかもしれない。もちろん、私たちが何らかのWIMPsを見つければ、ダークマターが現実であることがわかる。ただし、それがMONDに比べてどのくらい重要であるかに関しては、しばらく議論が続くだろう。

ロードリ・エヴァンス

もっと教えて

もしダークマターがないとしたら、20世紀の物理学の領域で最大の成功を収めたアインシュタインの一般相対性理論が完全に正しいわけではないことになる。しかし、ダークマターが実際に存在するとしても、MONDはやはり必要だという主張もある。WIMPsを検出することができれば、未観測の事象を理論化する私たちの能力の正しさが、はっきり証明されることになる。そして思い出されるのが、ニュートリノにまつわる経緯だ。オーストリアの物理学者ヴォルフガング・パウリがニュートリノのことを予測したのは1930年のこと。それは実際にニュートリノが観測されるより20年以上も前だった。

こんな情報も

80％

アインシュタインの一般相対性理論が正しいとした場合に、宇宙の物質の中でダークマターが占める割合。

1954年

ニュートリノが観測された年。

関連項目

「もしも、空間と時間がループしたら？」86ページ参照。

「もしも、空っぽの空間が満たされていたら？」106ページ参照。

古典物理学

古典物理学

はじめに
古典物理学

古典物理学というと、まるで古代ギリシャ時代の学問のように聞こえるかもしれない。確かにその当時の哲学者たちは「physics」について書き残しているが、それは「自然界の原理」という意味だった。今日の科学者たちが言う「古典物理学」とは、19世紀の終わり頃まで用いられていた物理学の理論のことだ。つまり、相対性理論と量子論によって大きな変貌を遂げる前の物理学である。

古典物理学に蓄積された知識の起源をたどると、何世紀もの間、変わらず受け継がれてきたものがある。古代ギリシャの人々による自然界の理解には間違いも多かったが、彼らが解こうとした問題は古典物理学にとっても重要なテーマなのだ。例えばギリシャの人々は、視力には光が必要なことに気づいていた。ただその考え方は、人の頭の中に火のようなものがあって、その光が目から飛び出し、物体に当たって跳ね返ってくるというものだった。これが中世アラブの科学者たちに伝わると、光は太陽のような光源からまっすぐに伝わってくるものであり、それが物体に当たって反射して目に入る、という考え方がされるようになった。こうして、より近代的な光学研究のアプローチが始まったのだ。

16〜17世紀にアイザック・ニュートンが活躍する頃までには、光の進路を記述するための幾何光学的な理論はすでにまとめ上げられていた。残されたのは、光は粒であるのか（ニュートンはそう考えていた）、あるいは波であるのか（イギリスの科学者トーマス・ヤングがこの理論を確立した）という問題に決着をつけることだけだった。光についてのこ

うした古典的な考え方は、眼鏡から巨大望遠鏡まで、あらゆる光学機器を設計する際に今なお有用であり、現在も学校で教えられる基本的な知識である。

　古典物理学はたいてい現代の物理学よりわかりやすく、日常生活上の問題にも広く応用することができる。その良い例は、ニュートンがまとめた運動の諸法則だ。専門的に言えば、ニュートンの法則はアインシュタインの相対性理論の特殊ケースである。それは近似値ではあるが、物体が光より遅いスピードで動く限りは十分に正確と言える。古典的なアプローチは実際に、土木工事から、アポロ11号月面着陸に必要な計算まで、あらゆる事柄に通用するのだ。

　相対性理論や量子論が驚きの連続であることに比べれば、古典物理学は退屈に思えるかもしれない。しかし、そう決めてかかってはいけない。古典物理学は単純なものばかりではないし（流体力学を思い出してほしい）、物珍しい側面もたくさんもっている。例えば、ある場所から別の場所に熱がどのように流れるかを記述する熱力学という学問は、退屈きわまりないように思えるだろう。しかし、熱力学に第二法則があることをご存知だろうか。それは宇宙の進化の過程をどのように考えれば良いかを私たちに教えてくれる法則だ。そして親切な小悪魔も登場する。どうやら不可能なことを可能にしてくれる悪魔らしいのだが——。

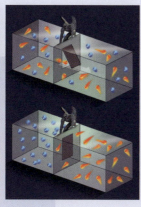

もしも、絶対0度より冷たいものがあったら？

サイモン・フリン

運動論の考え方で言うと、物質の温度には、その内部にある粒子の運動が反映されている。つまり、物質の温度が高ければ高いほど、その物質を構成する粒子の平均運動速度が速いということだ。水分子（H_2O）は水の状態よりも蒸気の状態にあるときのほうが運動速度が速く、たくさん振動する。そして、氷の状態と水の状態を比べても同様の関係にある。つまり、蒸気より水、水より氷というように温度が低い状態になるほど、粒子の運動速度が平均的に遅くなるのだ。19世紀にイギリスの物理学者ウィリアム・トムソン（ケルヴィン卿）は、この現象からすると温度には下限値というものがあるのではないかと考えた。粒子の運動が止まってしまうと、それより遅い運動はあり得ないからだ。トムソンは原子が運動を止める温度が-273.15℃（-459.6°F）であると算定した。そして、この温度を「絶対0度」とし、純粋に熱力学の法則に従う新しい温度目盛りを提案した（これ以前には、水の凍結と沸騰をもとにした温度計を18世紀のスウェーデンの天文学者アンデルス・セルシウスが考案していた。また、ポーランド生まれの物理学者ダニエル・ファーレンハイトは、自分の実験室で達成できた最低温度［0°F、-18℃］と自分の体温［35.6℃、96°F］に基づく目盛りを作り出していた）。ケルビンの目盛りでは、絶対0度を0Kと表記する。そして水が凍る温度は273.15K、水が沸騰する温度は373.15Kになる。熱力学の第三法則はケルビンの後に発展したものだが、「何らかの系に有限回の手順を加えて絶対0度にすることは決してできない」と述べている。この法則は正しいということが証明されている。レーザー冷却という方法を用いた科学者たちが、0Kに限りなく近い温度（数十億分の1度）を達成しているが、0Kに到達できた科学者はまだ誰もいないのだ。しかし2013年には、ミュンヘンのルードヴィヒ・マクシミリアン大学の科学者たちが、0Kのほんのわずか上の温度から、0Kのほんのわずか下の温度に移り変わる気体を作ったことを発表した。絶対0度を事実上、飛び越えてしまったのだ。レーザーと磁場を使い、超低温のカリウム原子でできた量子ガスに負の圧力をかけると、それとバランスをとるようにして負の温度が生じたということだ。

もっと教えて

絶対0度より低い温度の物質を作り出せば、ダークエネルギーの手掛かりが得られるかもしれない。宇宙には重力が働いているにもかかわらず、宇宙は速度を増しながら膨張している。この現象を説明するために、科学者たちは強い負の圧力を意味するダークエネルギーの存在を仮定したのだ。ミュンヘンで作られた超低温量子ガスの場合、原子に負の圧力をかけると、原子が互いに離れるのではなく引きつけ合うようになった。それとバランスをとるようにして負の温度が生じ、ガスが安定に保たれたのだ。

こんな情報も

2.73 K
(-270.4℃、-454.8°F) 宇宙の平均温度。

1 K
実験室以外の場所で記録された最低温度。(-272.2℃は-457.9°F)

関連項目

「もしも、一番高い温度があるとしたら？」122ページ参照。

「もしも、マクスウェルの悪魔がいたら？」124ページ参照。

古典物理学

もしも、「本当にただ」のものがあったら？

ブライアン・クレッグ

さまざまな系の熱とエネルギーの流れ方を記述するのが熱力学である。もともとは産業革命で重要な役割を担った蒸気機関の仕組みを説明する学問だったが、時を経て、宇宙の仕組みを説明する際に持ち出されることのほうが多くなってきた。熱力学の4つの法則の中で基本になるのは、第一法則（エネルギー保存の法則。エネルギーは生み出されることも破壊されることもない、ということをうまく説明している）と第二法則（いくつか解釈があるが、外部からエネルギーを受け取ることなく仕事を続ける永久機関というものは実現不可能であることを示した法則。冗談めかして「"この世にただのものなどない"の法則」と言われたりする）である。この第二法則は、最初は熱機関との関係から考え出されたもので、閉鎖系（エネルギーの流入も流出もない系）の中では熱いほうから冷たいほうへ熱が流れる、と述べている。あまりに単純すぎて注目するほどのことはないように思えるが、この第二法則は宇宙で起きる多くの変化にとって、きわめて重要である。別の言い方をすれば、閉鎖系の中ではエントロピーが一定か増加するかのどちらかになる、ということだ。エントロピーとは、1つの系における乱雑さを測る指標である。その場が乱雑になればなるほど、エントロピーは高くなる。第二法則のこの2つの言い表し方の関係を考えるために、気体を入れた箱を考えてみよう。箱の内側には、真ん中に仕切りがあり、一方の区画には熱い気体、もう一方の区画には冷たい気体が入っている。仕切りを取り除くと両方の気体が混ざり合う。この箱は最初は、高速で動く熱い分子と、ゆっくり動く冷たい分子が、それぞれ仕切りの両側に分かれ、整然と秩序がとれていた（エントロピーの低い状態）。しかし、仕切りを取った後は見分けのつかない混合気体になる。乱雑さが増し、エントロピーが増えたということだ。このプロセスを逆転させることも十分可能だが、それにはエネルギーが必要になる。例えば、あなたの部屋の冷蔵庫は中味を均一に冷やすことで庫内のエントロピーを減少させているが、それはエネルギーを消費するという代償を払って初めてできたことだ。もし、エネルギーを消費することなくエントロピーを少なくできるとしたら、あなたはそのプロセスを使ってエネルギーを生み出すことができるだろう。無料のエネルギー源、つまり永久機関の誕生だ。「正真正銘のただ」とでも貼り紙をしておこう。

もっと教えて

熱力学の法則を最初に考え出した人たちは、この法則が統計的な性格をもつことに気づいていなかった。実は第二法則は、「閉鎖系のエントロピーは決して減らない」と言っているわけではなく、「統計的に見て、それは起こりにくい」と言っているのだ。熱い気体と冷たい気体を混ぜたとき、それぞれの分子は独自の振る舞いをするため、2つの気体が自然に分離することもわずかな確率ながらあり得る。ただ、合理的な時間範囲の中では、きわめて起こりにくいということだ。

こんな情報も

4つ

熱力学の法則の数。上記の2つの法則のほかに、ゼロ番目の法則（熱は同じ温度の2つの物質の間では流れない）と第三法則（絶対0度には決して到達できない）がある。

1877年

オーストリアの物理学者ルードヴィヒ・ボルツマンがエントロピーを表す統計学的な数式を考案した年。

関連項目

「もしも、マクスウェルの悪魔がいたら？」124ページ参照。

「もしも、アインシュタインが冷蔵庫を発明していたら？」146ページ参照。

古典物理学

もしも、一番高い温度があるとしたら？

ブライアン・クレッグ

温度は日常生活で目にする、ありふれた測定値のように思えるだろう。けれども温度の背景には複雑な概念があり、極端なケースを考えると、きわめて興味深いものになる。温度は、物質がもつ原子や分子の運動速度の指標であると言われることが多い。空気を思い浮かべてみると、その構成成分の分子は絶えず動き、あちこち飛び回っている（動きの速い分子もあれば遅い分子もあるが、温度はそこに含まれるすべての分子の総体として、統計的に算出される値である）。物質が冷たくなればなるほど、粒子の運動は遅くなり、冷たさの極限までいくと絶対0度になる（-273.15℃または-459.67℉）。この究極の冷たさを起点とした温度計で0K（ケルビン）と記される温度だ。もしこの絶対0度に達したなら、そのときすべての原子や分子はエネルギーが最も低い状態にある。しかし、現実にはこの温度は達成不可能とされている。絶対0度に少しずつ近づくことはできるが、量子の限界があって、そこに到達することはできないのだ。一方、反対側の極端な温度（高温）については、私たちはあまり耳にすることがない。単純に、温度とは何らかの物質に含まれる粒子の速度の指標であると考えれば、最も高い温度というものがあるはずだ。なぜなら、特殊相対性理論では宇宙に究極の速度制限があることが示されているからだ。いかなる物体も真空内では光速度（約300,000km/秒、186,000マイル/秒）を超える速度で移動することはできない。ある物質にどれだけ多くのエネルギーを加えても、物質を構成する粒子が光速度より速く動くことはできない、というこの理論に従うなら、その最高速度に応じた上限温度というものがあるように思えてくる。しかし、温度にはトリックが隠されている。温度は本当は、原子や分子の運動エネルギーに依存するものであり、運動エネルギーは速度と質量の2つの要素で決まるのだ。特殊相対性理論が述べているのは、物体が運動速度を増すと質量が増加し、光速度に達したところで無限大の質量に近づくということだ。つまり、粒子の速度に限界があるとしても、質量が無限大になり得るため、温度は無限大まで、どこまでも高くなれるのだ。

もっと教えて

温度は粒子全体の運動エネルギーの分布にも影響される。すべての粒子が同じエネルギーをもっていれば、それはエントロピー（ある物質の乱雑さの指標）が低く、温度が低いことを意味する。ある物体の粒子が、考え得るエネルギー範囲の全域に均一に分散した状態が、エントロピーが最大になるときである。しかし、その状態で温度が無限大に近づくと、同じような高エネルギーをもつ粒子が徐々に増えるため、エントロピーは下がり始め、温度が突然、負の無限大に変わることが実証されている。

こんな情報も

30,000 K

雷の最高温度。雷は私たちが地球上で経験する最も高温の現象の1つである。（30,000 Kは29,725 ℃、53,500℉）

15,000,000 K

（14,999,000 ℃、26,999,000 ℉）
太陽の中心部の温度。太陽の表面温度は約5,000K。

関連項目

「もしも、『バック・トゥ・ザ・フューチャー』のタイムマシンがあったら？」38ページ参照。

「もしも、絶対0度より冷たいものがあったら？」118ページ参照。

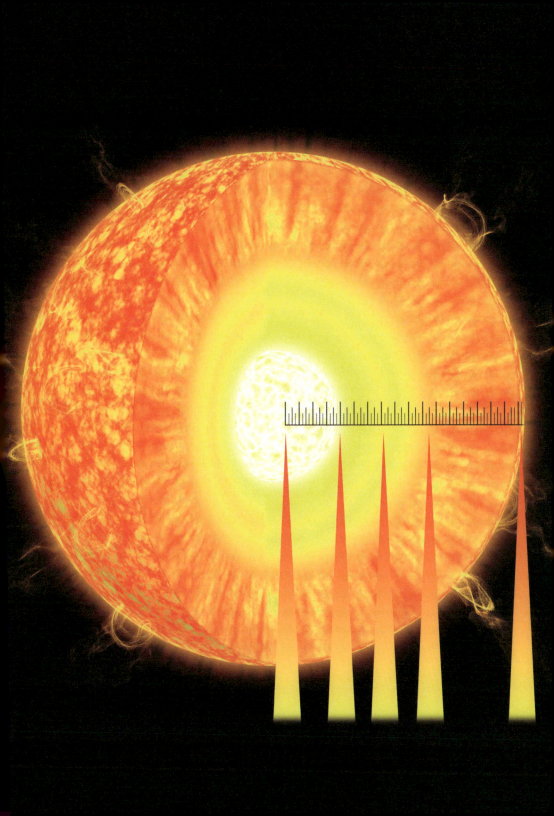

もしも、マクスウェルの悪魔がいたら？

サイモン・フリン

熱機関は熱という形のエネルギーを機械的な作業に変換する。例えば、あなたの車のエンジンが熱機関の良い例だ。残念ながら、「熱エネルギーは必ず熱いほうから冷たいほうに自然に流れる。何らかの操作を加えずに、その他の経路で循環することはない」という熱力学の第二法則によれば、車のエンジンは決して完璧な機関ではないことになる。なぜなら、エンジンは熱くなるので、エネルギーの一部が周囲に逃げてしまうからだ。また、（冷蔵庫のように）熱エネルギーを冷たいほうから熱いほうへ移動させるためには仕事が必要になるということも、第二法則からすれば明白だ。アルベルト・アインシュタインとイギリスの天体物理学者アーサー・エディントンは、この法則を破るようなことは決して起こり得ないと確信していた。しかし、スコットランドの理論物理学者ジェームズ・クラーク・マクスウェルは、まさにこの法則を破る、ある思考実験を残している。マクスウェルは以前、容器に入れた気体が一定温度で温度平衡の状態になっていても、その気体のたくさんの分子たちは、さまざまな速度で運動し、さまざまなエネルギーをもっていることを明らかにしていた（運動エネルギーの一例である）。気体の温度はこれらの分子のエネルギーの平均値と相関する。つまり、平均エネルギーが高いほど温度も高くなるということだ。そこで、マクスウェルが提案した思考実験では、まず気体の入った容器の内側にドアのついた仕切り板を取り付け、均等にＡとＢの2つの小部屋に分ける。両方の部屋の温度は等しくなるだろう。ここで、1個1個の気体分子を見分けることのできる小さな生き物（後に「マクスウェルの悪魔」として知られるようになる）が現れ、ドアの開閉を操作するものとする。この小悪魔はやがて、速い分子（エネルギーの高い分子）をＡからＢに通し、遅い分子（エネルギーの低い分子）をＢからＡに通してやるようになる。すると、Ｂ側の分子の平均エネルギーはＡ側の分子のそれより高くなるため、Ｂの温度はＡより高くなるだろう。このようにして、系そのものに仕事を加えることなく温度差が生まれることは、熱力学の第二法則に反している（前提として、この悪魔は、この系であとに発生するエネルギー以上のエネルギーは消費しないものとする。そのために、例えばこのドアは摩擦がゼロでなければならない）。そして、この温度差を利用すれば、熱機関を動かすこともできるのだ。

もっと教えて

1929年、ハンガリー生まれの物理学者レオ・シラードは、この悪魔が処理する情報と、その働きで生み出される有効エネルギーとの関係を明らかにした。それから80年にわたる研究の結果、科学者たちは、悪魔が分子の速度を判断する際に消費するエネルギーは、発生する温度差を利用して生み出されるエネルギーより大きい、という結論に達した。一方、2010年には日本の研究者らが、情報を利用するだけで粒子のエネルギーを上昇させた実験結果を報告した。情報を熱に変える「情報─熱交換機関」の実現を期待させる成果である。

こんな情報も

1843年

ウィリアム・トムソン（後のケルヴィン卿）が「熱力学」という言葉を初めて使った年。熱力学の第一法則は、「エネルギーは生み出すことも破壊することもできない。ただ形を変えて相互変換するのみである」というもの。

関連項目

「もしも、宇宙のすべてがランダムだったら？」20ページ参照。

「もしも、アインシュタインが冷蔵庫を発明していたら？」146ページ参照。

「もしも、運動が永久に続いたら？」150ページ参照。

古典物理学

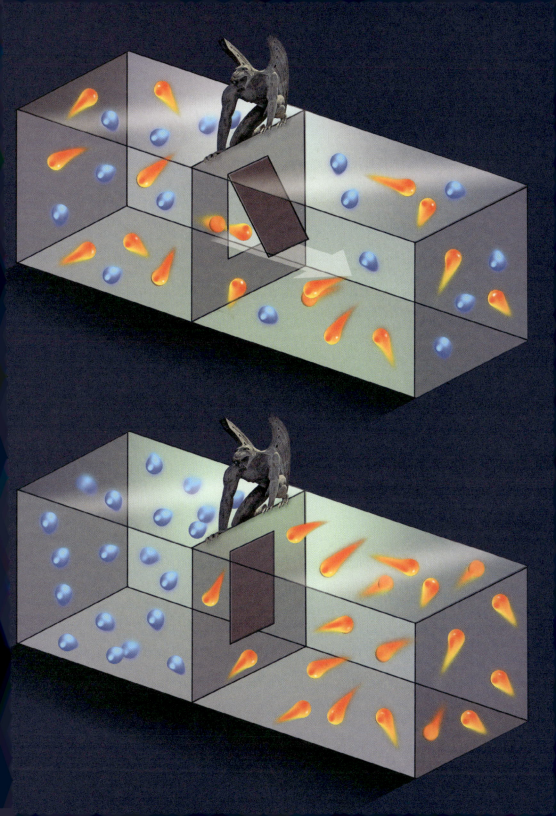

科学者たちは、こう解いた
もしも、地球が平らでなかったら？

地球は平らであるとする考え方は、古代ギリシャ時代に大きな転換期を迎えた。月に写る地球の影が常に丸いことを見て、ピタゴラス学派（紀元前6世紀から5世紀頃の哲学者で数学者の、サモス島のピタゴラスを信奉する人々）が、地球は球体であると言い始めたのだ。球形は幾何学的に完璧な形状であると考えていたピタゴラス学派にとって、この概念は独自の美と調和についての見方ともうまく一致するものだった。紀元前4世紀には哲学者アリストテレスが、水平線の彼方に進む船が徐々に見えなくなることを確かめたり、北や南に移動すると星の見え方が違ってくることを観測するなどして新たな証拠を次々と示しながら、この主張を展開し、ある意味で決着をつけた。

次に持ち上がったのが、地球はどのくらい大きいのか、という問題である。紀元前3世紀から2世紀にかけてキュレネ（現在のリビアにあった古代ギリシャ都市）で活躍したギリシャ人の数学者エラトステネスは、驚くべき正確さで地球の外周を計算していた。彼は夏至の日の正午になると、シエネ（現在のエジプトのアスワン）の地面に立てた棒の影がなくなることに気づいた。つまり、太陽が真上にあるということだ。一方、アレキサンドリアという都市では、まったく同じ時間に棒の影ができ、棒と太陽光の方向は円周の50分の1に相当する角度をなしていた。幾何学的に考えると、この2本の棒をそれぞれ地球の中心部まで伸ばしたときにできる角度が、円周の50分の1（360°の50分の1で7.2°）になることがわかる。

つまり、シエネからアレキサンドリアまでの距離（エラトステネスは5,000スタジアと見積もっていた）が地球の外周の50分の1にあたるということだ。スタジアという古代の単位は、当時の競技場（スタジアム）の1周分の距離を表すという。これをどのくらいの長さとみなすかによって変わってくるが、エラトステネスが計算した地球の外周と実際の値の差はせいぜい16%しかなく、99%正確だったとも言われている。その時代に測定に使うことのてきた道具のことを考えれば、これは桁はずれの偉業であった。また、エラトステネスの計算では、「太陽光は地球に平行に降り注いでいることから、太陽は地球から十分遠くにあるに違いない」という独自の前提があったところも興味深い。古代ギリシャ時代に太陽系というものがどのように捉えられていたかがうかがえる。

紀元前5世紀から4世紀にかけて、ピタゴラス学派の人々はギリシャの哲学者プラトンに大きな影響を及ぼした。とくに、人類を取り巻く自然現象は幾何学と数学の力で解明できるという重要な教えを与えたのだ。とはいえ解決てきない問題もあった。星は完全な円弧を描

いて動くように見えるのに、当時知られていた5つの惑星（水星、金星、火星、木星、土星）の動きは一様でないように見えたことだ。実を言えば、「惑星」という言葉は「さまよう人」を意味するギリシャ語が由来である。この問題はプラトンを悩ませた。太陽と月と惑星の動きを2つの円運動の合成として考えることを提案してみたが、それでは十分な説明がつかないことが立証された。プラトンの教え子の1人に、クニドスという都市で生まれた天文学者で数学者のエウドクソスがいる。彼は、それぞれの惑星の円運動の数を4つに増やすことを思いついた。この考え方をすれば、惑星がときどき後戻りするように見える逆行運動などもうまく説明がつき、プラトンの抱えていた問題の多くが解消されたのだ。

　エウドクソスの仮説を取り入れ、精緻な理論にしていったのがアリストテレスだ。ただし、その過程でアリストテレスが根本的に変えたところがある。それは、説明に使った天球という存在が惑星を運ぶという現象は、単なる数学的推論ではなく、有形のものとして実在することを説いたことだ。また、「物体が自然な場所に帰ろうとする動き」（私たちが重力と呼んでいる効果）についての彼の理論では、地球は万物の中心にあるとされた。

　地球が平らであるという考え方はおおむねすたれてしまったが、代わって登場した古代ギリシャの太陽系の概念には、このように重要な誤りが2つあった。つまり、地球が太陽系の中心にあるとしたこと、そして惑星が円運動をすると考えたことだ。1543年にポーランドの天文学者ニコラウス・コペルニクスが、すべての惑星は太陽の周りを回っていると言明したときに、この1つ目の誤りがようやく解消された。さらに、2つ目の誤りが修正されたのは17世紀のことだ。ドイツの数学者で天文学者のヨハネス・ケプラーが惑星の運動を3つの法則にまとめ、それらの軌道が楕円であることを明らかにしたのだ。

古典物理学

もしも、鏡が左右逆転しないとしたら？

ブライアン・クレッグ

古典物理学の中で最も早い時期に発展した領域の1つは、基礎光学である。光がどこから来るかを明らかにするまでに、しばらくかかったが（古代ギリシャでは光が太陽などの光源からではなく、目から出てくると考えられていた）、驚くほど早い時期からすっきり説明されていたことがある。それは、光の束が物体に当たると、壁に当たったボールが跳ね返ってくるのと同じように跳ね返り、そのまま直進してきて目に入るということだ。この概念は何度も検証され、やがて光学の基本法則になった。しかし問題があった。凹凸のない鏡のような基本的な反射体の場合、光が当たって反射するプロセスには必ず上下左右に対称性があるのに、鏡に写る像は非対称になることだ。光の反射のプロセスは、どの方向から光が当たろうと同じように起きる。あなたが鏡を見ているとして、向かって左から右に進んできた光は、鏡に当たった後も左から右に反射していくし、上から下に進んできた光は、やはり上から下に向かって反射するだろう。どちらの場合も、光が鏡に向かってくる状態から去っていく状態になるだけのことだ。しかし、鏡に映る像は左右が反転する（左手用の手袋が右手用に見えたり、左ハンドルの車が右ハンドルに見えたりする）のに、上下方向に反転することはないのだ。この違いはどうして起きるのだろう？ 多くの人がまず思いつくのは、私たちの目の配置の非対称性（左右方向にだけ並んでいること）と関係があるに違いないということだ。けれども、鏡を横目で眺めてみても上下がひっくり返るわけではなく、このアイデアはすぐにつまずいてしまう。実は、鏡の像の左右反転は、単に私たちがそう認識しているだけなのだ。実際に起きていることは「裏返し」である。

もっと教えて

私たちは自分の身体が180°回転して鏡の中の姿になるかのように考えて、左右が反転したと捉えてしまうが、鏡という光学系で起きる現象はそういうことではない。実際は、あたかもゴムか何かであなたの顔の型をとり、その表裏をひっくり返すようなことが起きるのだ。あなたが鏡に向き合ったとき、鏡に一番近いところにくる顔のパーツは鼻だが、その鼻の頭から裏返しにしたものが、鏡の中のあなたの鼻だ（鏡の中でも、やはりこちら側に一番近いところに鼻がくる）。

こんな情報も

量子反射

古典物理学によれば、鏡に当たる光の入射角と反射角は等しい。しかし量子物理学では、光はあらゆる角度に反射するが、通常はおかしな方向の反射は打ち消され、古典的な反射が残るのだとされている。

関連項目

「もしも、光が波ではないとしたら？」26ページ参照。

「もしも、虹が7色でなかったら？」130ページ参照。

古典物理学

もしも、虹が7色でなかったら？

サイモン・フリン

ギリシャの哲学者アリストテレスは『気象論』の中で、虹には赤、緑、紫の3色しかないと説いた。それから2000年ほどが経ち、イギリスの物理学者アイザック・ニュートンは、プリズムで白色光を分ける実験を初めて行った。ニュートンは最初のうち、赤、黄、緑、青、紫を5原色として記述したが、後にオレンジ色と藍色を加えている。その理由の1つとして、ニュートンは色を音楽と同じようにハーモニーを奏でるものとして捉えたため、ドリアンスケール（古代ギリシャで使われた音階）の7つの音に7色を符号させたのだと言われている。このように音楽と関連づけたことで、ニュートンの光学理論は当時の人々によく受け入れられた（奇妙なことだが、アリストテレスも『感覚論』の中で色について論じる際に、同じような音のハーモニーを引き合いに出している）。しかし、この虹の7色についての記述は、よくある誤解を定着させることにもなった。ニュートンは原色と原色の間に「さまざまな中間色からなる無限のグラデーションがある」とも述べたのだが、その部分はすぐに忘れ去られ、虹は7色ということになってしまったのだ。現代の私たちは、可視光が連続的なスペクトルであることを知っている。それは波長がおよそ400～700nmの範囲にある切れ目ない色の帯だ。実は可視光は、ラジオ波やマイクロ波、ガンマ線なども含む電磁スペクトルのごく一部にすぎない。そのどれもが光速度で移動する電磁波だが、周波数と波長に違いがあるのだ。可視光は人の目で感知できる限られた一定範囲の放射エネルギーである。人間以外の動物では、例えばペンギンや蜜蜂は紫外線の範囲の光を見分けることができるし、ガラガラヘビやトコジラミには赤外線も見える。もし私たちにラジオ波を見ることができたら、世界はまったく違った姿に見えるはずだ。私たちは中間範囲（だいたい青色からオレンジ色まで）の光をはるかに感知しやすいということがわかっているが、未だに解明されていないのは、何色の色を見分けることができるか、という問題だ。一説には100色ほどとも言われている。7色よりかなり多いことは間違いない。

もっと教えて

もし電磁スペクトルのマイクロ波の領域で宇宙を眺めたら、実は宇宙は輝いている。宇宙マイクロ波背景放射と命名されたこのラジオ波は、ビッグバンの名残りと考えられており、ビッグバン理論の裏づけとなる重要な証拠の1つである。宇宙は膨張するにつれ、初期の高エネルギー放射が引き伸ばされ、冷えていった。宇宙に残された2.7K（-270.45℃、-454.81℉）という温度を担っているのが、この宇宙マイクロ波背景放射なのだ。

こんな情報も

果物の色

オレンジという色は15世紀までは存在しなかった。その名は果物のオレンジにちなんでつけられた。

299,792,458 m／秒

光の速度。すべての電磁波はこの速度で進む。（983,571,056 フィート／秒）

関連項目

「もしも、原子を見ることができたら？」68ページ参照。

「もしも、電子を光で置き換えることができたら？」70ページ参照。

「もしも、鏡が左右逆転しないとしたら？」128ページ参照。

古典物理学

もしも、水が-70℃で沸騰したら？

サイモン・フリン

誰でも知っているように、水（H_2O）は100℃（212°F）で沸騰する。酸素（O）は周期表の族の一番初めに位置する元素であるが、この16族の酸素の下に並ぶそれぞれの元素1個が水素2個と結合した化合物の沸点を調べてみると、H_2S（硫化水素）は-60℃（-76°F）、H_2Se（セレン化水素）は-50℃（-58°F）、H_2Te（テルル化水素）は-2℃（-28°F）だ。これらの数字には、いくらかパターンがあるように見える。もし私たちが水の沸点を知らずに、これらの数字を見て予想するとしたら、おそらく-70℃（-94°F）くらいと考えるだろう（もしその通りだったら、私たちの知っているような生命は、まったく存在しなかったと思われる）。予想される沸点と本当の沸点がこれほど離れている原因は、水素結合と呼ばれている化学結合のせいである。酸素原子は電気陰性度がきわめて高いと言われている（電気陰性度とは、何らかの分子を構成する原子が電子を引きつける力のこと）。一方、水素の電気陰性度は酸素よりずっと低いため、酸素と水素が結合すると、その結合に関与する電子は酸素原子のほうに引きつけられる。結果として、それぞれの水素原子は部分的に正の電荷を帯び、酸素原子は部分的に負の電荷を帯びることになる。この状態は双極子と呼ばれている。ごく弱い磁石のようなものと考えればよいだろう。双極子状態の水分子がたくさん集まると、それぞれの分子が部分的に正電荷の水素原子と、部分的に負電荷の酸素原子をもつため、水素原子と酸素原子が分子を越えて引きつけ合う。この分子間力による結合（水素結合）があるために、H_2Oは、H_2S、H_2Se、H_2Teの3つの分子の値から予想される値より高い融点と沸点を示すのだ（S［硫黄］、Se［セレン］、Te［テルル］はO［酸素］に比べて電気陰性度がはるかに小さいため、この3つの化合物の分子はほとんど双極子にならない）。水分子内の主結合である酸素1個と水素2個の結合を切ることに加え、水分子同士のつながりを切るために余計にエネルギーがかかる分だけ、融点と沸点が高くなるということだ。

もっと教えて

水は生命にとってきわめて重要であるが、水素結合も広く生命にとって欠かせない存在だ。遺伝情報を運ぶデオキシリボ核酸（DNA）は、2つの大きな分子が互いに水素結合でつながり合ってできている。また、インスリンのような巨大なタンパク質は、独自の機能を発揮するために最適な形に折り畳まれているが、その形態を保持する役割も、部分的に水素結合が担っている。高い強度をもつことが知られているケブラー®という素材は、ポリマー同士の間に水素結合が働くおかげで、その望ましい特性が得られている。

こんな情報も

20分の1

水分子内の水素と酸素の結合力を比較した、分子間の水素結合の強さ。

NH_3

分子間の水素結合が起こり得る水素原子と窒素原子の化合物（アンモニア）。水素原子とフッ素原子の化合物（フッ化水素 HF）でも水素結合がみられる。

関連項目

「もしも、万物の理論と大統一理論が見つかったら？」58ページ参照。

「もしも、絶対0度より冷たいものがあったら？」118ページ参照。

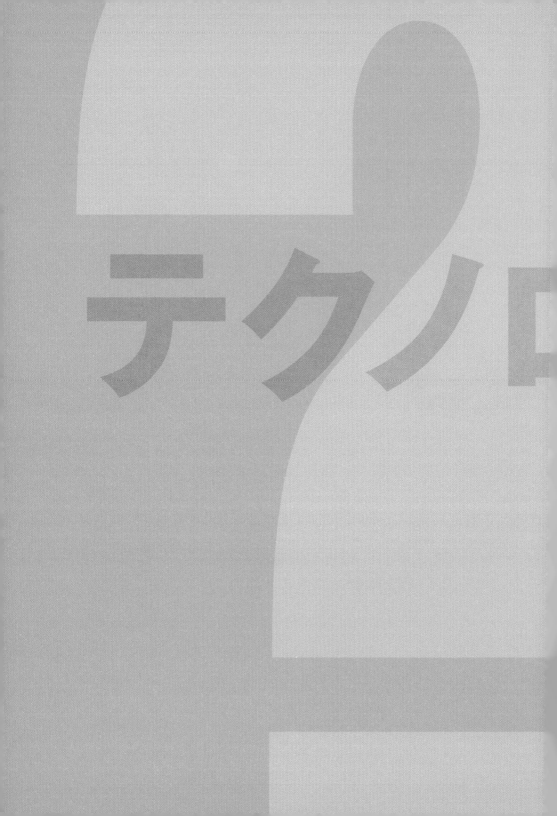

テクノロジー

はじめに
テクノロジー

学技術（テクノロジー）は私たち人間の基本的な能力を補い、手や体を使うだけではできないことを可能にしてくれる。本書のような書物にテクノロジーという項目はそぐわないように思えるかもしれない。けれども、たいていのテクノロジーが利用できるのは物理学のおかげであるし、実験室で得られた物理学の研究成果を一般の人たちが直接体験できるのはテクノロジーのおかげなのだ。普通の人が CERN に行くことは、まずないかもしれないが、物理学の働きは身の回りのあらゆるところで目にすることができる。

例えば、移動手段のことを考えてみよう。飛行機や車を動かすときに頼りになるのは、17世紀にイギリスの物理学者アイザック・ニュートンが確立した運動の法則である。飛行機を動かす原理は、「あらゆる作用には大きさが同じで逆向きの反作用が働く」というニュートンの第三法則だ。飛行機のエンジンが空気に押す力を加えると、空気は同じ大きさの逆向きの力でエンジンを（ひいては、機体を）押すため、飛行機が前に進むのである。また私たちは車のアクセルを踏むたびに、熱力学を利用して、エンジン内の熱を仕事に交換する。エネルギー量とそのエネルギーで加速させる車の重さとの関係も熱力学によって知ることができる。

物理学の働きは普段は隠れているかもしれないが、私たちが何かのテクノロジーの仕組みに思いをめぐらせると見えてくる。冷蔵庫は素晴らしい実例だ。何かを加熱することは簡単だが、物体の温度を下げる仕組みはあまりよくわからない。熱力学の知識と、物質が膨張するときに起きる現象の両方を理解して、初めて明らかになることだ。

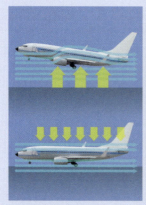   

私たちの周りには、古典的な物理学に基づくテクノロジーがたくさんある。例えば、車輪やてこ、ねじなどの装置の大切さは、いつの時代も変わらないものだ。けれども現代人の生活にとっては、最新の物理学を応用したテクノロジーもなくてはならない存在だ。電子機器（エレクトロニクス）が基礎を置くのは量子論である。真空管のように、最も古いタイプのエレクトロニクスでさえ、電子という量子粒子の流れを制御しなければならなかった。半導体素子を組み込んだ現代のエレクトロニクスは、複雑な量子の世界と一層密接なつながりをもつようになっている。

　そして、今やロボットの時代である。自動車の組み立てやオートメーション化した倉庫の作業に使われるロボットは、単純だが細かい作業をこなすことができる。一方、ロボットを思考能力をもつ生物に近づけようとする試みもある。そうした探求を続ければ、やがては、「意識」と精神作用の仕組みをつかさどる自然界の基本原理が明らかになるかもしれない。それは、物理学にとっての最大の挑戦をテクノロジーが引き受けるということだ。ロボット技術の改良に向けて努力する中で、私たち自身の脳を一層深く理解する機会も得られるだろう。

　ロボットの大きさに比べると、対極に位置するのがナノテクノロジーだ。ナノテクノロジーの研究も一層活発になり、素材から複雑な装置まで、あらゆるものをウイルスほどの大きさにする可能性が開かれている。その世界では、大きな物差しを使う日常生活とはまったく異なる物理の法則が働いている。原子1個分の厚みしかないシート状の炭素でさえ、莫大な利益を生み出す可能性を秘めているのだ。あらゆるテクノロジーの核心には物理学がある。

テクノロジー

もしも、ロボットに意識があったら？

アンジェラ・サイーニ

科学と哲学の間には、まだ解明されていない神秘的な領域がある。なかでも、人間の意識ほど理解しにくいものはないだろう。意識を人工的に再現しようとする技術者たちの多くは、意識と知性につながりがあると考えている。しかし、人工知能の領域（人間の精神的な能力を必要とするタスクを、機械に行わせようとする試み）に取り組む技術者たちは、知性とは何かをまだ定義できていない。研究はさまざまな支流に分かれているが、それぞれ異なる角度から意識と知性の問題を探っている。例えば、人工知能にとって重要なことは、コンピュータにベイズの定理のようなアプローチで論理問題を解かせることだ、と考える研究者がいる。ベイズの定理は何らかの結果を予測するために、最善の推論に基づく確率を利用するアプローチである。それは人間が頭の中で意思決定をするときに、自然にやっていることだ。一方、生物の神経回路網を模倣した人工神経ネットワークを使って、人間と同じように身の回りの世界を知覚できるロボットを作ることに秘密を解く鍵がある、と考える研究者もいる。あらゆる技術者が同意するところだが、もしどちらかのアプローチがうまくいったとしても、それには膨大な計算力を要するだろう。現代の最大最速のコンピュータ（スーパーコンピュータ）は、すでに驚くべき偉業を達成した。アメリカの大企業IBM社が製作したディープ・ブルーというコンピュータは、1997年のチェスの大会で、世界チャンピオンのガルリ・カスパロフを破ったのだ（1996年には同じ相手との初対戦で負けていた）。2011年には、IBM社のもう1つのスーパーコンピュータのワトソンが、アメリカの「ジョパティ！」というクイズ番組に参加して賞金100万ドルを勝ち取った。今日では、人工知能は言語を操ることも可能と考えられており、すでに多くの研究者が、人間の語彙と文法をマシンに理解させるためのシステムを開発中である。最も新しい人工知能計画の1つでは、物語を理解するマシンを設計しようとしている。マサチューセッツ州ケンブリッジのマサチューセッツ工科大学（MIT）のパトリック・H・ウィンストン教授は、シェイクスピアの悲劇『マクベス』のあらすじを説明できるジェネシスという名のソフトウェアを設計した。

もっと教えて

1950年にイギリスのコンピュータ科学者アラン・チューリングは、コンピュータの知性を判断する1つの方法として、誰かがマシンと会話したときに、人との違いを見分けられるかどうかを調べることだと提案した。ただし、マシンがこのチューリングテストにパスしたといっても、真に人間のような知性の指標になるかといえば、そうではない。意識をもつロボットを開発する前に、科学者は実際のところ知性とは何なのかを理解しなければならない。

こんな情報も

1968年
ハリウッド映画『2001年宇宙の旅』に人工知能コンピュータのHAL9000が出演した年。

2011年
アップル社がiPhoneのアシスタントアプリケーションのSiriを公開した年。Siriはびっくりするほど人に似た有能な存在で、iPhoneユーザーの声による命令を認識する。

1兆の2万倍
世界で最も高性能のスーパーコンピュータ、タイタンが1秒あたりに行う計算の回数。（1兆の2万倍は2京）

関連項目

「もしも、量子を使って計算ができたら？」30ページ参照。

「もしも、電子を光で置き換えることができたら？」70ページ参照。

もしも、「グレイ・グー」の脅威が起きたら？

アンジェラ・サイーニ

科学の領域の中でもかなり新しいナノテクノロジーは、実現可能な最小スケールで物質を扱う技術のことである。そのスケールは原子や分子のレベルであり、ナノメートル（10億分の1メートル）サイズの微小な物質を扱うこともある。「グレイ・グー」という耳慣れないフレーズは、よくイギリスのチャールズ皇太子が言ったとされる言葉だ。2003年にチャールズ皇太子は、ナノテクノロジーの未知の側面について、この言葉を使って警鐘を鳴らしたのだ。しかし、この言葉の本当の始まりは、世界で最初にナノテクノロジーを研究したアメリカの技術者エリック・ドレクスラーの著作である。ドレクスラーは1986年に、著書『創造する機械 ナノテクノロジー』*7 の中で、まるで生物のような自己複製機能をもつ原子サイズの精巧なマシンの可能性を生々しく描写した。自己複製機能をもつ微細なマシンは、増殖に必要な原材料を周辺環境から吸収しつつ、指数関数的に増殖するかもしれない、とドレクスラーは書き、増殖したマシンがあたりを覆い尽くした危険な状態を「グレイ・グー」という言葉で表現したのだ。このマシンはあまりに小さいため、私たちの目にはチリが積もっているようにしか見えないだろうが、それは必ずしも灰色をしていたり、べとべとしているわけではない、とドレクスラーは付け足している*8。アメリカのベストセラー作家マイケル・クライトンは、ドレクスラーの想像力をさらに一歩、恐ろしいほうに進めて、2002年に小説『プレイ ―獲物』*9 を書いた。その中では、微小なナノマシンが捕食動物（プレデター）の群れのようになって、自らを作り出した科学者たちに襲いかかる。ただし、暴走する微小ロボットについてのこうした暗い展望は、1986年当時も今も、同じくらい現実からかけ離れている。現在、ナノサイズの粒子は医薬品や化粧品、衣類などに広く使われている。その小ささのおかげで、ナノサイズの薬品は人体に吸収されやすいことがわかってきた。抗菌作用をもつナノ銀はよい香りが続くスポーツウェアの製品化に応用されている。まだほんのわずかしか開発されていないが、機械のようなナノマシンもあり、それらでさえ主に医療用機器に使われている。「グレイ・グー」というフレーズは一躍有名になったが、今ではナノテクノロジーにまつわる亡霊と化し、消え去りつつある。ドレクスラー本人でさえ、そんな言葉は使わなければよかったと思っていたらしい。ナノテクノロジーは恐ろしいものではなく、かなり日常的なものになったようだ。

もっと教えて

伝説の技術者エリック・ドレクスラーは、2004年に次のように書いている。「影響力の大きい系は、慎重に使ったとしても、やがて深刻な問題につながることがある」。ゲーテが『魔法使いの弟子』という詩で書いた、増殖する箒のようだ。ドレクスラーによれば、暴走する自己複製型ナノマシンが偶然にできてしまうようなことはないという。しかし、そうしたものが故意に作られる（わずかな理論上の）可能性はあるかもしれない。ナノテクノロジーの進歩を厳密に管理して、こうした事態に決してならないようにすることは、科学者と政府の責務である。

こんな情報も

1959年
アメリカの物理学者リチャード・ファインマンがナノスケールの機械というアイデアを初めて提唱した年。

わずかに過半数越え
2008年のイギリスの調査で、「ナノテクノロジーは道徳的に問題ないと思う」と答えた人の割合。アメリカで同様の回答をした人は、調査対象全体の30%ほどだった。

中世時代
ナノスケールの金や銀の粒子がステンドグラスの窓に使われた時代。

関連項目

「もしも、原子を見ることができたら？」68ページ参照。

「もしも、ロボットに意識があったら？」138ページ参照。

テクノロジー

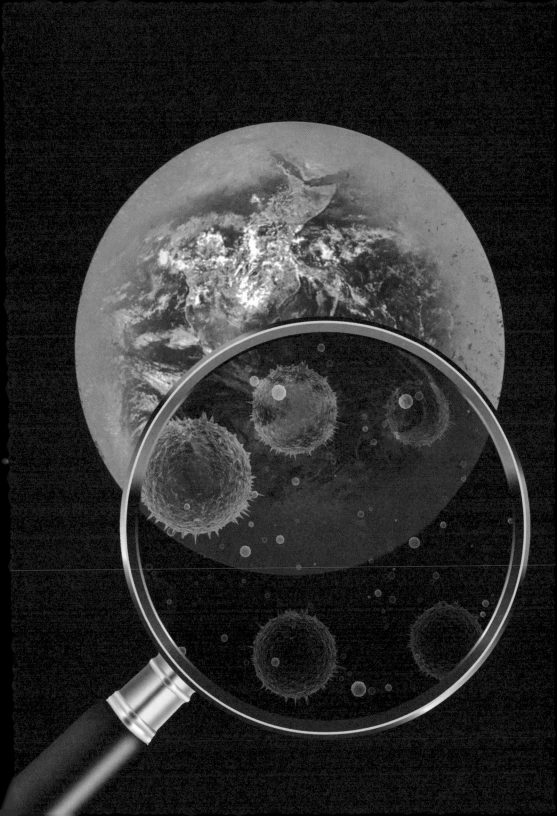

もしも、炭素が世界を変えられるとしたら？

アンジェラ・サイーニ

自然は稀に、何らかの物質に、実験室で作り出したとしか思えないような素晴らしい応用力を授けることがある。グラフェンはそうした奇跡の材料の1つである。原子レベルの薄さで炭素が幾何学的に配置してできたこの物質は、自然界で見つかるグラファイト（鉛筆によく利用される黒鉛）の同族である。グラフェンには極度の強さ（ニューヨークのコロンビア大学の研究者らによれば、構造用鋼材より200倍強い）や極度の軽さ（1平方メートルのシート状のグラフェンは重さが1gの1,000分の1しかなく、ほぼ透明である）といった驚くべき特性がいくつかある。2004年に、イギリスのマンチェスター大学に所属するロシア生まれの研究者、アンドレ・ガイムとコンスタンチン・ノボセロフが発見して以来、グラフェンには何千通りもの応用の可能性が提案されている。例えば、グラフェンを使って作ったテニスラケットは、従来のラケットより軽くなる。自動車のタイヤにグラフェンを使うと強度が増す。しかし、グラフェンが人々を最も興奮させたのは、ほかのどんな金属よりも電気伝導性に優れていることだ。このため、グラフェンはマイクロエレクトロニクスの領域で、シリコンより強く、軽く、柔軟な代用品になるかもしれない。2007年には、プラスチックにたった1%（体積）のグラフェンを入れると導電性をもつようになることをガイムとノボセロフが発表した。その後、アメリカの大企業IBM社が開発に乗り出し、高速の集積回路をグラフェンで作り出した。しかし、この強くて曲げやすい新世代の道具がどのようなものになるかと想像をめぐらせる前に、グラフェンは発見されてまだ日が浅いことを忘れてはならない。さまざまな期待はあるものの、まだ実証されたわけではないのだ。エレクトロニクスへの応用ですでに見つかっている障害の1つは、グラフェンはシリコンとは違い、電気の流れを止めることができないということだ。しかし、韓国のサムスン社は、グラフェンを流れる電流を切ることのできる装置を開発したと述べている。世界中でグラフェンの研究に莫大な資金がつぎ込まれている。この奇跡の物質は投資の価値がある「お買い得品」であることが、いずれ証明されるかもしれない。

もっと教えて

グラフェンの発見者の1人、アンドレ・ガイムは、この新素材は将来、プラスチックの現在の用途と同じように利用できるだろうと語った。しかし、そのような見込みはまだ実現されていない。グラフェンに関する研究は、ほとんどが微細なスケールで行われている。グラフェンの大量生産にはきわめて多額の費用を要するため、驚くべき性質があるとは言いながら、現実世界での大規模応用にはつながらないのではないかとも見られている。

こんな情報も

2010年
ロシア生まれのイギリスの物理学者、アンドレ・ガイムとコンスタンチン・ノボセロフがグラフェンの発見に対してノーベル物理学賞を授与された年。

20%
ある種のシート状のグラフェンを引っ張って伸ばしたときの伸長率。

ダイヤモンドを上回る
グラフェンは、ダイヤモンドを含むどんな物質より熱をよく伝導する。

関連項目

「もしも、原子を見ることができたら？」68ページ参照。

「もしも、電子を光で置き換えることができたら？」70ページ参照。

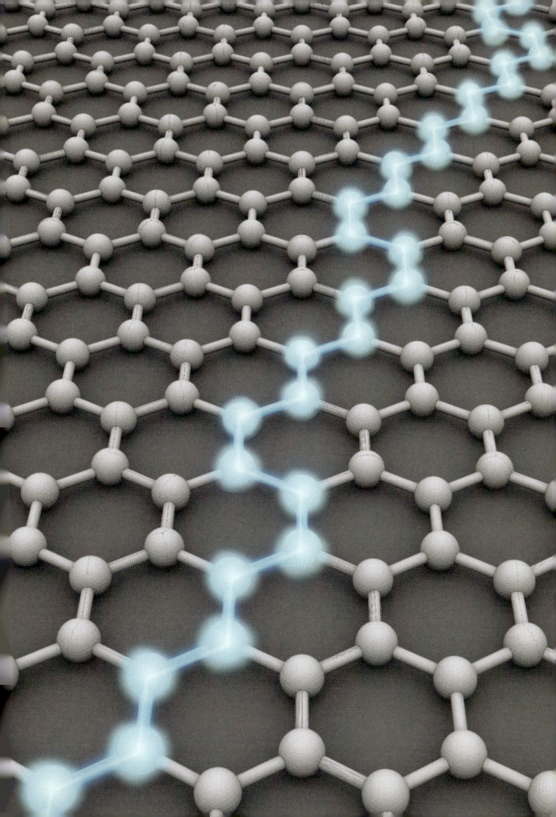

もしも、飛行機の翼が機能しなかったら？

ブライアン・クレッグ

飛行機に推力を与えるのはジェットエンジンの役割である。しかし飛行機が空を飛べる仕組みはそれだけではない。もう1つの不可欠なテクノロジーは、揚力をもたらす翼である。翼が機能する仕組みについては、ベルヌーイ効果という理論による説明がよく知られている。それはきわめて見事な理論だが、1つ大きな問題がある。誤りがあるのだ。ベルヌーイ効果による説明は、だいたいこういう感じだろう——翼が特別な形状をしているために、翼の下を通る空気より上を越えていく空気のほうが進む距離が長くなる。そこで、上面にある空気が追いつくためには、下部の空気より速く進まないといけない。このとき上面にある空気は薄くなるので、翼にかかる圧力が底面側より低くなる。下より上のほうが圧が少ないことで翼は上に押し上げられる。つまり、これが揚力である——という流れだ。この説明の問題点は、翼の上を通る空気が、下に回った空気に「追いつこう」とする理由などないことだ。そして実際に、翼の上部にある空気は、追いつくために必要とされる速さよりもっと速く流れるのが普通である。ベルヌーイ効果で生じる揚力があることは確かだが、その大きさは400トンもの飛行機を飛ばしておくには、まったく不十分なのだ。翼で生じる主な揚力は、ジェットエンジンに応用されているのと同じ効果で発生する。つまり、「あらゆる作用には大きさが等しく向きが反対の反作用が働く」とイギリスの物理学者アイザック・ニュートンが17世紀に定義した、運動の第三法則である。エンジンが吹き出し口から後方に空気を噴射して押し出す結果として、エンジン（とそれに伴う機体）に前方への推進力がかかる。翼について言えば、その形状と角度が周りの空気を押し下げるように設計されている。空気を押し下げれば、翼は逆に持ち上げられる。こうして揚力が発生するのだ。

もっと教えて

飛行機が空中にあるときに起きる現象のほとんどに、5つの重要な力が関係している。「重力」は常に機体を下方向に引っ張る。これに逆らうように、機体が前進しているときは「揚力」が翼を押し上げる。エンジンが生み出す「推力」は機体を前方に押し出す。そして「抗力」は空気抵抗によって機体を後方に引き戻そうとする。予測がつかないのは、機体にところかまわず押す力を加える「乱気流」である。温度や空気の運動速度に差のある場所を通過するときに発生する場合が多い。

こんな情報も

64 m

ボーイング747型機の翼幅。この数字は、ライト兄弟が使った初の動力機「ライト・フライアー」号が1903年の初飛行で飛んだ距離の約2倍にあたる。（64mは211フィート）

見えない渦巻き

翼端が空気を横切るときに生じる効果。水が排水口に吸い込まれるときに似た仕組みで起きる。飛行機が滑走路を使って離陸した後は、翼端が空中に目に見えない渦巻きを発生させ、乱気流が生じているため、次の飛行機はしばらく待機しなければならない。

関連項目

「もしも、『バック・トゥ・ザ・フューチャー』のタイムマシンがあったら？」38ページ参照。

「もしも、地球が平らでなかったら？」126ページ参照。

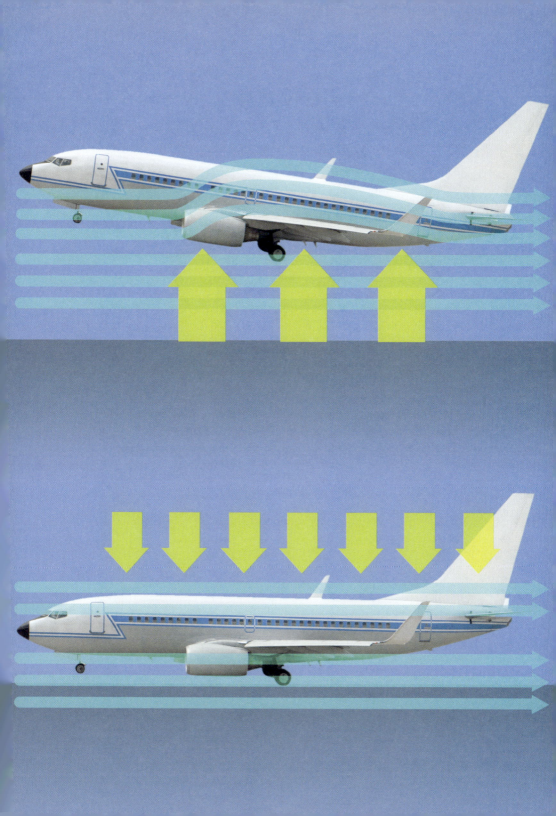

もしも、アインシュタインが冷蔵庫を発明していたら？

ブライアン・クレッグ

冷蔵庫を一見したところでは、「熱は熱いほうから冷たいほうに流れる」という熱力学の第二法則に反しているように見える。冷蔵庫は内部の冷たい空間から熱を取り出し、温度の高い庫外に放出しているからだ。こうしたことが起こり得るのは、第二法則が閉鎖系（エネルギーの出入りがない場所）に限られているのに対し、冷蔵庫は外部から電気という形でエネルギーをもらっているからだ。冷蔵庫は通常、冷媒という物質（テトラフルオロエタン）の膨張によって冷える仕組みである。冷媒は最初は気体の状態で圧縮されており、それが庫外の空気にさらされて放熱し、温度が下がる。冷えるにつれて液化した溶媒を、細い隙間を通して低圧の小部屋に押し出すと、一部が気化する。このとき、液体のまま残っている溶媒からエネルギーが奪われ、その温度が急激に下がる。冷やされた冷媒が通るパイプの周りの空気を庫内に取り入れて、その場の空気を冷やすのだ。現在の冷蔵庫はほとんどがこうした仕組みで動いているが、初期の頃に使っていた冷媒は有毒ガスだった。そのため1920年代には、ドイツのベルリンで家庭用冷蔵庫からのガス漏れが原因で一家が亡くなるという惨事があった。このことがきっかけとなって、アルベルト・アインシュタインとハンガリー生まれの物理学者レオ・シラードという珍しい組み合わせの2人組が、まったく異なる冷却メカニズムを発明した。それはガス漏れ事故の原因となった可動部品は使わず、従来の冷蔵庫のように高圧圧縮の必要もなく、一定の圧力で動く冷蔵庫だ。アインシュタインのような究極の理論家がこんな発明に関わっていたことは奇妙に思われるかもしれない。けれども、彼の最初の就職先はスイス特許庁だった。そこでは、申請された特許が理にかなっているかどうかをチェックする仕事を与えられていたのだ。そんな経験をもつアインシュタインだからこそ、かつての教え子のシラードにしてみれば完璧な共同研究者に思えたのだろう。シラードその人も、核連鎖反応という概念を初めて思いついたことで有名な人物である。

もっと教えて

アインシュタインとシラードの発明は数多くの特許をとったが、広く応用されることはなかった。それでも、電力供給に限りのある地域や、電気が使えない土地での未来の冷蔵庫として今も検討されている。アインシュタイン冷蔵庫は何らかの熱源となるものの移動さえ起これば、電気を使わなくてもかまわない。そのため、ガスから太陽光エネルギーまで、あらゆるエネルギー源の利用が可能なのだ。また、コンプレッサーの代わりに2つの化合物の混合物を利用する。この混合物から片方の成分を抽出することにより、圧力を急激に下げるのだ。

こんな情報も

1926年
アインシュタインとシラードが吸収式冷蔵庫を発明した年。

1781541
アインシュタイン冷蔵庫のアメリカでの特許番号。1927年に申請し、1930年に発行した。この特許は現在に至るまで参照され続けている。

関連項目

「もしも、絶対0度より冷たいものがあったら？」118ページ参照。

「もしも、『本当にただ』のものがあったら？」120ページ参照。

テクノロジー

科学者たちは、こう解いた
もしも、電気と磁気が別々のものでなかったら？

　電気と電気製品は、私たちの日常生活の中のますます多くの領域に入り込んでいるように思える。一方、私たちが日頃、磁気を目にする機会と言えば、せいぜい冷蔵庫の扉に貼り付けた磁石くらいのものだ。けれども電気と磁気は、見かけはまったく違っても本質的なところでつながっている。磁気の存在なくして電気は生まれないし、電気なくして磁気は存在しないのだ。電線を電流が通るとき、その周りに磁場が発生する。これがモーターが動く原理である。あなたが電線のそばで磁石を動かせば、その電線に電流を誘導することができる。なんと不思議なことに、そのときあなたは発電しているのだ。

　電気と磁気の関係を初めて発見したのは、デンマークで物理学の教授を務めていたハンス・クリスチャン・エルステッドである。それは1820年に、ほとんど偶然に見つけたことだった。エルステッドは講義中に、電流によって電線が熱せられる仕組みを説明していたとき、電流のスイッチを入れたり切ったりするたびに、近くにあった方位磁石の針が電線から離れる方向に動くことに気がついたのだ。彼はその後さらに研究を続け、この新発見を発表したところ、科学界から大きな関心が寄せられた。

　この研究がヒントとなって、フランスの物理学者アンドレ＝マリ・アンペールは、電線を流れる電流が磁石の針を動かす力を生み出すのなら、そのような電線を2本用意すれば、磁石としての相互作用も示すに違いないと考えた。そして、2本の平行な電線に同じ方向に電流を流すと引きつけ合い、互いに逆方向の電流を流すと反発し合うことを証明した。アンペールはこの研究成果をアンペールの法則にまとめ上げ、電線に電流が通るときに磁場が生じることを記述した。電流の単位（アンペア）はアンペールにちなんでつけられたものだ。そしてその定義には、2本の平行な電線を使った実験の成果が生かされていた。

　イギリスの化学者で物理学者だったマイケル・ファラデーが1830年代に行った実験も、重要な意味をもっている。ファラデーは電磁「誘導」という現象を発見した。コイル状にした電線の内側で磁石を動かしたときに、電流が誘導される仕組みを解いたのだ。この現象に必要なことは、磁場の動きである。もしあなたが磁石の動きを止めたなら、電線を伝わる電流は消えてしまう。発電所で電気が作られる仕組みは、まさにこれと同じであ

る。発電所では石炭を燃やしたり、高いところから落下する水のエネルギーを使ったりして、電線のコイルに対して磁石を動かすのだ。同時期にファラデーが行った別の実験も、現代のモーターや発電機、変圧器などを作る基盤になっている。

　これらの実験に続いたのが、スコットランドの理論物理学者ジェームズ・クラーク・マクスウェルである。電場と磁場の振る舞いをどのような状況にも合うように一般化して、いわゆるマクスウェルの方程式に整然とまとめ上げたのだ。それは傑出した知の業績であり、今もイギリスの物理学者ニュートンの運動の法則と並び称せられている。マクスウェルの式が示すのは、電気と磁気が一緒になって、宇宙で働く4つの基本的な力のうちの1つを生み出すことだ。この力を私たちは電磁力と呼んでいる（他の3つの力は、重力、弱い核力、強い核力）。

　マクスウェル方程式の最も驚くべき特徴は、時間によって変化する場（磁場か電場のどちらか）が、空間的に隣接する領域に、もう一方の場を誘導する仕組みを示したことだ。このことから電磁波というものの存在が予測された。電磁波とは時間によって変化する電気と磁気の波であり、何かの媒質を動かす必要なしに自由空間を移動していくことができる。この波は、光、ラジオ波、赤外線、そしてX線を含む電磁スペクトルを構成している。これらは現代のテクノロジーにとって基本となる存在だ。

もしも、運動が永久に続いたら？

サイモン・フリン

永久運動（エネルギーを与えられることなしに、外に対して仕事を続けること）が実現可能かどうかを考えるとしたら、イギリスの物理学者アイザック・ニュートンの運動の法則を忘れてはならない。ニュートンの第一法則は、静止しているか、または運動している物体は、外から力を加えられない限りその状態を続けるということを述べている。例えば、地面の上のゴルフボールは、あなたがクラブでそれを打って力を加えない限り、そこにじっとしているということだ。しかし、あなたがボールを打てば、たちまち別の力がボールに働くようになる。とくに重要なのは空気抵抗と重力で、これらの作用があるためにボールはどこまでも飛び続けることはできない。もし宇宙でボールを打てば、重力などの抵抗力は数も大きさも減るため、地上で打つときよりずっと遠くに飛ばすことができるだろう。このことからわかるように、地球上で永久運動機関を作るには、まず第一に、摩擦のような抵抗力の存在が障害になる（物体に働く重力のような力は宇宙にもあるが、きわめて弱い）。熱力学の最初の2つの法則を考え入れると、さらに難しくなる。第一法則はエネルギー保存の法則であり、孤立した系では与えられた量以上のエネルギーを得ることはできないことになっている。そして第二法則によると、利用可能なエネルギーのすべてを仕事に転換することはできない。エネルギーの一部が必ず熱として周囲に伝わり、失われてしまうのだ。このように永久運動の実現は不可能に思えるが、それでも自然界には、永久運動のような動きをする物体がたくさんある。例えば、月だ。何十億年も昔から、月は見たところ一定の速度で地球の周りを動いている。ところが、きわめて精密に観測すると、やはり月の運動も変化している。要するに問題は、「永久」とは何を意味するのかということだろう。もし、永遠に続くという意味であれば、科学的に見て、永久運動は不可能だと言える（真の意味で動きを止めることのない量子粒子は例外だ）。しかしそうではなく、きわめて長い時間という意味であれば、永久運動をするものはすでにあると言っていいかもしれない。重要なことは、それを私たちにとって意味のあるものにすることだ。

もっと教えて

月の例を考えてみると、おそらく人類が作り出した永久運動に最も近いものは宇宙船パイオニア10号だろう。1972年に打ち上げられたこの宇宙船は、今も宇宙の彼方に向かって飛び続けている。そして（その記録はのちにボイジャー1号に追い越されはしたが）、地球から最も遠い距離に到達するまで運動を続けたのだ。2003年に通信が途絶えたが、パイオニア10号はアルデバラン星の方向のどこかにたどり着くだろうと科学者たちは予想している。アルデバラン星は地球から60光年以上離れた星で、そこに行くには200万年ほどかかる。

こんな情報も

12 km/秒
太陽との位置関係でみたパイオニア10号の速度。（12km/秒は7.5マイル/秒）

45億年
月が地球の周りを回っている推計期間。

関連項目

「もしも、『本当にただ』のものがあったら？」120ページ参照。

「もしも、マクスウェルの悪魔がいたら？」124ページ参照。

もしも、賢者の石を手に入れたら？

アンジェラ・サイーニ

賢者の石の物語は、歴史の中にしばしば登場する。賢者の石とは、鉄や鉛などのありふれた金属を金や銀に変える力をもつ伝説上の物体だ。賢者の石の探求は錬金術とも言われるが、近代化学の夜明け前には本物のサイエンスとして扱われ、人類が元素というものを理解するために大いに役立った。しかし、錬金術には物理的に無理があることがわかってくるにつれ、賢者の石の探求は、偽科学の終焉と言うべき様相を呈するようになった。それは、ごく最近まであったことだ。現代の私たちは、1つ1つの元素が固有の重さをもつ原子からなることを知っている。また、原子の内部にある粒子のバランスによって、それが鉄なのか、金なのか、といった種類が決まることもわかっている。それだからこそ、1つの原子を別の原子に変えることはきわめて難しいのだ。原子の種類を変えるには、原子の真ん中を開き、何かを取り除いたり付け足したりしなければならないだろう。それはきわめて難しいことだが、正確に言えば1つだけ例外がある。その元素がたまたま放射性物質であれば話は別なのだ。例えば、カリウムには放射活性をもつタイプがある。この放射性カリウムは原子より小さい粒子を放出することで、ある種のアルゴン元素に自然に変わるのだ。そして、もちろん努力は必要だが、科学者たちには別の元素を使って同様の変化を起こさせることもできる。かつての錬金術は歴史の中に消えてしまったが、鉛を金に変えることはすでに実現済みなのだ。アメリカの化学者グレン・シーボーグは核物理学の第一人者であり、9つの新元素の合成に一役買った人物だが、1980年にはこの錬金術の夢を実現させている。シーボーグはカリフォルニアにあるローレンス・バークレー国立研究所で数千個の鉛原子の中から十分な量の粒子を取り除き、金に変えたのだ。残念ながら、この工程にはあまりに高額な費用を要するため、現実的な価値はない。もう少し実行可能な範囲では、ある種のウランに亜原子粒子を衝突させると、壊れて別の元素になる。生成される元素の一部は医療の分野で実際に使われているが、やはり危険を伴う製造工程であり、費用も高額なため実用性は高くない。

もっと教えて

現在、有望視されている元素変換の応用の1つは、原子力発電所でできる何千トンもの危険な放射性廃棄物を安全なものにすることだ。現時点では、この種の廃棄物は何百年もの間、慎重に保管する必要がある。しかし、廃棄物の元素（ウラン、プルトニウム、その他の高い放射能をもつ副産物）を分解して、害の少ない元素にする方法が研究されている。1つの可能性は加速器を使うことだが、それには費用がかかりすぎるかもしれない。

こんな情報も

1901年
1つの放射性元素が崩壊して別の元素になる元素変換が初めて科学的に記述された年。

不死
賢者の石の伝説では、物質を金銀に変えることだけでなく、不老不死の霊薬を手にすることもできると言われていた。

関連項目

「もしも、万物の理論と大統一理論が見つかったら？」58ページ参照。

「もしも、あらゆるものが、ひもでてきていたら？」84ページ参照。

テクノロジー

寄稿者一覧

ジム・アル＝カリーリ 大英帝国四等勲士（OBE）。イギリスの科学者で人気作家。ラジオやテレビ番組の案内役も務める。サレー大学では物理学教授を務め、科学者と一般市民の対話の場である「科学技術への公衆関与（Public Engagement in Science）」の議長の任にあたっている。イギリス人文主義者連盟総裁。著書（邦訳）に『物理パラドックスを解く』（ソフトバンク クリエイティブ、2013年）、『見て楽しむ量子物理学の世界』（日経BP社、2008年）などがある。

ブライアン・クレッグ ケンブリッジ大学で自然科学を学び、とくに実験物理学に傾注した。英国航空にてIT活用によるビジネスソリューションを展開する一方、創造的思考法の権威であるエドワード・デ・ボノとともに社内のクリエイティビティ向上に従事した。その後、ビジネスクリエイティビティに関するコンサルタント業を開業。BBCから英国気象庁まで幅広い顧客をもつ。『Nature』『The Times』『The Wall Street Journal』に寄稿するかたわら、オックスフォード大学、ケンブリッジ大学、王立研究所などで講義も行っている。書評サイト（www.popularscience.co.uk）ではエディターを務める。著書に『A Brief History of Infinity』（Robinson Publishing、2003年）、『How to Build a Time Machine』（St. Martin's Griffin、2013年）などがある。

フランク・クロース 大英帝国四等勲士（OBE）。オックスフォード大学物理学教授。エクセターカレッジ（オックスフォード）評議員。ラザフォード・アップルトン研究所の理論物理学部門長、CERNのCommunication and Public Education部門長などを歴任。核粒子のクォーク・グルーオン構造を研究し、同分野で200報を超える論文を査読読み学術誌に発表している。米国物理学会および英国物理学会の評議員。1996年には一般市民による物理学への理解に多大な貢献をしたことに対し、英国物理学会よりケルビン賞を授与された。著書に『Antimatter』（Oxford University Press、2010年）、『Neutrino』（Oxford University Press、2012年）、2013年には、「Galileo Prize」の最終選考まで残った。他には、『Nothing』（Oxford University Press、2009年）、邦訳に、『自然界の非対称性―生命から宇宙まで』（紀伊國屋書店、2002年）、『ヒッグス粒子を追え』（ダイヤモンド社、2012年）など多数。

ロードリ・エヴァンス　銀河系外天文学を学び、専門に研究した。16年以上にわたって空中天文学の仕事に従事し、アメリカの遠赤外線天文学成層圏天文台（SOFIA）用の遠赤外観測施設の構築チームに主要メンバーとして参加している。星形成と宇宙論の研究にも従事しながら、テレビ番組、ラジオ番組、一般向け講演会などに定期的に出演している。個人ブログを運営（www.thecuriousastronomer.wordpress.com）。

サイモン・フリン　科学の教師。著書に『The Science Magpie: A Hoard of Fascinating Facts, Stories, Poems, Diagrams and Jokes Plucked from Science and Its History』(Icon、2012年)がある。

ソフィー・ヘブデン　イギリスのマンスフィールドを拠点に活躍するフリーランスのサイエンスライター。物理学分野の執筆活動と2児の世話を両立させている。『New Scientist』、『Foundational Questions Institute』などに寄稿。SciDev.Net.の前ニュースエディター。宇宙プラズマ物理学の研究で博士号、サイエンスコミュニケーションの研究で修士号を取得した。

アンジェラ・サイーニ　ロンドン在住のフリーランスのサイエンスジャーナリスト。著書に『Geek Nation: How Indian Science is Taking Over the World』(Hodder & Stoughton、2011年)。『New Scientist』『Wired』『Guardian』などに寄稿するかたわら、BBCラジオのサイエンス番組にレギュラー出演している。2012年に英国科学ライター協会より授与されたベスト・ニュース・ストーリー賞をはじめとして、ジャーナリスト活動に対して多数の受賞歴がある。オックスフォード大学で工学の修士号を取得。MITのナイト・サイエンス・ジャーナリズム・フェロー受講。

参考資料

Books

Before the Big Bang
Brian Clegg
(Saint Martins Griffin, 2011)

Black Holes and Time Warps: Einstein's Outrageous Legacy
Kip S. Thorne
(W. W. Norton, 1994)

Black Holes, Wormholes and Time Machines
Jim Al-Khalili
(Taylor & Francis, 2012)

A Brief History of Infinity: The Quest to Think the Unthinkable
Brian Clegg
(Robinson Publishing, 2003)

A Brief History of Time
Stephen Hawking
(Bantam, 2011)

Build Your Own Time Machine: The Real Science of Time Travel
Brian Clegg
(Gerald Duckworth & Co., 2013)

Compendium of Theoretical Physics
Armin Wachter and
Henning Hoeber
(Springer, 2005)

Dice World: Science and Life in a Random Universe
Brian Clegg
(Icon Books, 2013)

The Elegant Universe: Superstrings, Hidden Dimensions and the Quest for the Ultimate Theory
Brian Greene
(Vintage, 2000)

The Fifth Essence
Lawrence Krauss
(Vintage, 1990)

The Infinity Puzzle
Frank Close
(Oxford University Press, 2011)

In Search of Schrodinger's Cat
John Gribbin
(Black Swan, 1985)

Introducing Infinity
Brian Clegg
(Icon Books, 2012)

The God Effect: Quantum Entanglement, Science's Strangest Phenomenon
Brian Clegg
(Saint Martins Griffin, 2009)

The New Cosmic Onion: Quarks and the Nature of the Universe
Frank Close
(Taylor & Francis, 2006)

Paradox: The Nine Greatest Enigmas in Physics
Jim Al-Khalili
(Black Swan, 2013)

Particle Physics: An Introduction
Frank Close
(Oxford University Press, 2004)

Quantum: A Guide for the Perplexed
Jim Al-Khalili
(Phoenix, 2012)

The Quantum Universe: Everything That Can Happen Does Happen
Brian Cox and Jeff Forshaw
(Penguin, 2012)

The Road to Reality
Roger Penrose
(Vintage, 2005)

Why Does $E=MC^2$?
Brian Cox and Jeff Forshaw
(De Capo, 2010)

Websites

Eric Weisstein's World of Physics
http://scienceworld.wolfram.com/physics/

Frequently Asked Questions in Physics
http://math.ucr.edu/home/baez/physics/
Maintained by Don Koks.

Official Website of Jim Al-Khalili
http://www.jimal-khalili.com

Official Website of Brian Clegg
http://www.brianclegg.net

Official Website of Frank Close
http://www.frankclose.net/

Thoughts on Life, the Universe, and everything
http://thecuriousastronomer.wordpress.com
Maintained by Rhodri Evans.

Journals/Articles

Do tachyons exist?
http://math.ucr.edu/home/baez/physics/ParticleAndNuclear/tachyons.html

Quantum Entanglement and Information, Stanford Encyclopedia of Philosophy
http://plato.stanford.edu/entries/qt-entangle/

Testing the Multiverse, article on FQXI website by Miriam Frankel
http://fqxi.org/community/articles/display/155

Parallel Universes by Max Tegmark, Scientific American, 2003
http://space.mit.edu/home/tegmark/PDF/multiverse_sciam.pdf

Faster than the speed of light? We'll need to be patient by Jim Al-Khalili
http://www.guardian.co.uk/commentisfree/2011/nov/23/faster-speed-of-light-boxers

In a parallel universe, this theory would make sense by Jim Al-Khalili
http://www.guardian.co.uk/commentisfree/2007/dec/01/comment.spaceexploration

訳注

＊1,3：P8, 20
『アインシュタイン・ボルン往復書簡集 1916-1955』西 義之、井上修一、横谷文孝訳、三修社、1977年再版より

＊2：P15
『光と物質のふしぎな理論 私の量子電磁力学』R・P・ファインマン著、釜江常好、大貫昌子訳、岩波現代文庫、2007年刊

＊4：P78
※日本語翻訳版に関して、下記より最新情報を掲載
http://www.esa.int/spaceinimages/Images/2013/03/Planck_cosmic_recipe

＊5：P102
「緑の小人」はSF小説や雑誌の記事などでよく使われた、宇宙人を意味する言葉

＊6：P104 いずれも質量の比率

＊7：P140 日本語翻訳版は1992年出版

＊8：P140
「グレイ・グー」は原語で「grey goo」。greyは「灰色」、gooは「べとべとするもの」の意味があることから

＊9：P140 日本語翻訳版は2006年出版（上巻）

索引

あ
アインシュタイン 8, 9, 20, 24, 27, 36-38, 44, 48, 50, 51, 56, 78, 86, 90, 97, 106, 108, 112, 117, 124, 146
　一般相対性理論 8, 9, 10, 37, 40, 46, 48, 86, 90, 97, 102, 108, 110, 112,
　吸収式冷蔵庫 146
　特殊相対性理論 9, 27, 36-38, 44, 46, 48, 86, 106, 122
　ノーベル賞 9, 27
亜原子レベルの出来事 22
亜原子粒子 152
アリストテレス 126, 127, 130
アルクビエレ、ミゲル 46
宇宙 8-10, 20, 22, 32, 44, 46, 48, 50, 52, 58, 60, 62, 65, 76-78, 80, 82, 84, 86, 88-90, 92, 96, 104, 108, 110, 112, 117, 118, 120, 122, 124, 130, 149
　泡宇宙 80
　カプタインの宇宙 88
　並行宇宙 40
宇宙線 38, 57
宇宙定数 8, 78
宇宙マイクロ波背景放射 77, 80, 82, 90, 130
宇宙論 44, 62, 76-92, 96
運動論 118
永久運動 150
エウドクソス(クニドスの) 127
エヴェレット3世、ヒュー 22
エーテル 106
X線 76, 108, 149
エディントン、アーサー 48, 104, 124
M理論 82, 84
エラトステネス(キュレネの) 126
欧州原子核研究機構 →CERN
大型ハドロン衝突型加速器 →LHC

か
ガイム、アンドレ 142
ガモフ、ジョージ 104
ガリレオ、ガリレイ 50, 51
ガンマ線 76, 86, 130
基本粒子 15, 57, 58, 60, 62, 65, 66, 86, 106
　フェルミ粒子 60, 70, 72
　ボース粒子 60, 70
クォーク 52, 57, 58, 65, 66, 92

グレイショウ、シェルドン 58
ケプラー、ヨハネス 127
ゲル=マン、マレー 58
ケルヴィン卿 →トムソン、ウィリアム
原子核 15, 16, 64-66, 72, 96, 100, 104, 105
原子論 56, 84
光学 116, 128
光学の基本法則 128
光子 9, 14, 20, 24, 27, 28, 42, 57, 60, 62, 70, 72, 86, 90
光速度 32, 36, 38, 44, 46, 80, 86, 92, 108, 122, 130
光電効果 9, 26, 27
光年 38, 40, 48, 77, 78, 86, 90, 150
コペルニクス、ニコラウス 50, 127
コペルニクス派の理論 50

さ
時間の遅れ 38
時間のパラドックス 40
時空 18, 32, 37, 40, 44, 46, 48, 80, 86, 97
　時空の泡 80
　時空の量子幾何学 86
ジャマー、レスター 18
修正ニュートン力学 →MOND
重力 32, 37, 46, 48, 52, 56, 58, 60, 62, 65, 78, 86, 90, 97, 98, 100, 102, 108, 110, 112, 118, 127, 144, 149, 150
　重力波 102, 106
　重力場 106, 108
　量子重力 32, 84, 86
重力レンズ 48
シュヴァルツシルト半径 110
シュレーディンガー、エルヴィン 18, 22, 24
シュレーディンガーの猫 8, 22, 24
ジョージ、ハワード 58
シラード、レオ 124, 146
水星 98, 127
『スター・トレック』 28, 92
スピン-泡理論 86
赤外線 76, 130, 149
全地球測位システム →GPS
相対性理論 6, 9, 10, 16, 32-53, 106, 110, 116, 117
素粒子加速器 52
素粒子物理学 9, 52-72, 78, 86

た
ダークエネルギー 8, 44, 78, 106, 118
ダークマター 52, 58, 60, 78, 112
大統一理論 →GUT
タイムトラベル 9, 36-52
太陽系 16, 72, 102, 112, 126, 127
多宇宙 62, 80, 82
タウンズ、チャールズ 70
タキオン 44
ダルトン、ジョン 56, 64
チャドウィック、ジェームス 65
中性子 14, 57, 64-66, 92, 100
　反中性子 92
中性子星 10, 40, 97, 100, 102, 110
超対称性理論 →SUSY
超ひも理論 52, 60
ツヴァイリンガー、アントン 28
ツヴァイ、ゲオルグ 58
デイヴィソン、クリントン 18
定常宇宙論 82
ディラックの方程式 58
テレポーテーション 28
トムソン、ウィリアム 118, 124
トムソン、J・J 64

な
ナノマシン 140
波理論 27
ニュートリノ 44, 57, 65, 100, 112
ニュートン、アイザック 20, 51, 56, 96, 116
　運動の法則 136, 144, 149, 150
　光学理論 130
　重力理論 9
熱力学 86, 117, 120, 124, 136
熱力学の法則 10, 118, 120,
ノボセロフ、コンスタンチン 142

は
パウリ、ヴォルフガング 112
パウリの排他律 70
ハッブル、エドウィン 8, 78, 88, 89
　ハッブル定数 78
　ハッブル宇宙望遠鏡 108
反重力 62
「反水素実験:重力、干渉、分光測定」
　→AEgIS
反物質 62, 92, 106, 110
万物の理論→TOE

光エネルギー →光子
光の反射 128
ピタゴラス（サモス島の）126
ヒッグス、ピーター 66
ヒッグス粒子 9, 57, 65, 66, 106
ビッグバン 32, 48, 78, 80, 82, 84, 86, 90, 92, 104, 130
ビニッヒ、ゲルド 68
「物理学的実在の量子力学的記述は完全と考えられるか」 →EPR
ひも理論 44, 80, 84, 86
ヒューイッシュ、アントニー 102
標準模型 9, 57, 65, 84
ファーレンハイト、ダニエル 118
ファインマン、リチャード 15, 42, 140
フェルミ研究所 66
フォン・ジョリー、フィリップ 14
双子のパラドックス 38
プラトン 126, 127
ブラックホール 10, 32, 86, 100, 108, 110
プランク、マックス 14, 26
　プランクの黒体放射の理論 26
　プランク時間 32
　プランク長 32
　プランク定数 32
フレーム・ドラッギング 40
ベッケンシュタイン、ヤコブ 86
ヘドウィグ、ボルン 20
ベル、ジョセリン 102
ベルヌーイの定理 144
ペンローズ、ロジャー 82
ホイーラー、ジョン 42
ボーア、ニールス 16, 22
ホーキング、スティーブン 86, 110
　ホーキング輻射 110
ボジョワルド、マーチン 84
ポドルスキー、ボリス 20
ボルン、マックス 8, 20

ま
マイクロ波 76, 130
マクスウェル、ジェームズ・クラーク 36, 42, 124, 149
ミッチェル、ジョン 108
ミューオン 38, 57, 65
もつれ（エンタングルメント）20

や
ヤング、トーマス 18, 26, 116
弱い相互作用をする重い粒子
　→WIMPs

ら
ラザフォード、アーネスト 64, 72
ラジオ波 102, 130, 149
ラプラス、ピエール＝シモン 22
量子 14, 16, 26-28,
　ランダムさ 20
量子コンピュータ 24, 30
量子の不確定性 18
量子物理学 8-10, 12-33, 86, 128
量子もつれ 24, 28, 30
量子論 8-10, 14-16, 20, 22, 32, 106, 108, 110, 116, 117, 137
ループ量子重力理論 84, 86
レナード、フィリップ 26
レプトン 65
ローゼン、ネイサン 20
ローラー、ハインリッヒ 68
ローレンス・バークレー国立研究所 152

わ
「ワープ航法:一般相対性理論の範囲内での超高速移動」46
ワープスピード 46
ワームホール 40, 46, 48, 108

A
AEgIS 62

C
CERN 57, 60, 62, 66, 76, 136

E
$E=mc^2$ 92
EPR 20

G
GPS 38, 48
GUT 58

L
LHC 9, 52, 57, 60, 76

M
MOND 112

N
NASA 42, 46, 48, 98

S
SUSY 60

T
TOE 58

W
WIMPs 112

編者略歴
ブライアン・クレッグ コンサルタント・エディター。ケンブリッジ大学で自然科学を学び、とくに実験物理学に傾注した。『Nature』、『The Times』、『The Wall Street Journal』に寄稿するかたわら、オックスフォード大学、ケンブリッジ大学、王立研究所などで講義も行っている。書評サイト（www.popularscience.co.uk）ではエディターとして活躍。著書に『A Brief History of Infinity』、『How to Build a Time Machine』など。

翻訳者略歴
広瀬 静 1961年生まれ。九州大学薬学部薬学科卒業。医学系出版社の編集職を経て、医学薬学領域専門のライターとして独立。主に医家向けの学術記事の執筆と翻訳に従事している。近年は一般書の翻訳にも取り組む。訳書に『世界で一番楽しい元素図鑑』（エクスナレッジ）、『ジョン・F・ケネディ ホワイトハウスの決断』（世界文化社、分担訳）。

翻訳協力　株式会社トランネット

もしも、アインシュタインが間違っていたら？
2015年3月23日　第1刷発行

編　者	ブライアン・クレッグ
緒　言	ジム・アル＝カリーリ
訳　者	広瀬　静
発行者	八谷　智範
発行所	株式会社すばる舎リンケージ
	〒170-0013　東京都豊島区東池袋3-9-7　東池袋織本ビル1階
	TEL 03-6907-7827　FAX 03-6907-7877
	http://www.subarusya-linkage.jp/
発売元	株式会社すばる舎
	〒170-0013　東京都豊島区東池袋3-9-7　東池袋織本ビル
	TEL 03-3981-8651（代表）
	03-3981-0767（営業部直通）
	振替 00140-7-116563
	http://www.subarusya.jp/
印　刷	ベクトル印刷株式会社

落丁・乱丁本はお取り替えいたします。
© TranNet KK 2015 Printed in China
ISBN978-4-7991-0399-9

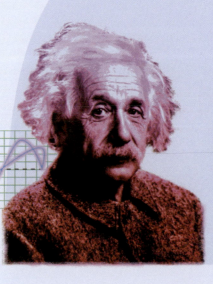

図版の提供に関して
本書で使用した図版の複製を許可していただいた以下の団体に感謝申し上げます。図版の出典につきましては最大限の注意を払いましたが、不注意による遺漏がありましたら、お詫びいたします。
すべての図版は以下より提供を受けています。
Shutterstock, Inc
（www.shutterstock.com）